U0391435

小龙虾高产高效养殖
新技术

李乐文◎编著

权威专家联合强力推荐　　专业·权威·实用

XIAOLONGXIA GAOCHANGAOXIAO YANGZHI XINJISHU

广大农民朋友发家致富的得力助手。
关心三农，心系三农，服务三农，
在较短的时间内快速帮你走向致富的康庄大道。

中国农业出版社

图书在版编目（CIP）数据

小龙虾高产高效养殖新技术／李乐文编著. — 北京：
中国农业出版社，2015. 11
ISBN 978-7-109-21088-2

Ⅰ . ①小… Ⅱ . ①李… Ⅲ . ①龙虾科-淡水养殖
Ⅳ . ①S966. 12

中国版本图书馆 CIP 数据核字（2015）第 261324 号

中国农业出版社出版
（北京市朝阳区麦子店街 18 号楼）
（邮政编码 100125）
策划编辑　刘　玮　黄向阳
文字编辑　张彦光

北京万友印刷有限公司印刷　　新华书店北京发行所发行
2016 年 9 月第 1 版　　2016 年 9 月北京第 1 次印刷

开本：910mm×1280mm　1/32　　印张：7
字数：200 千字
定价：26. 80 元
（凡本版图书出现印刷、装订错误，请向出版社发行部调换）

Preface

前言

  小龙虾原产于北美洲，在美国路易斯安那州，小龙虾养殖已经成为当地农业生产的主要组成部分。如今，人类活动和其他因素使得小龙虾的分布范围越来越广，非洲、亚洲、欧洲及南美洲30多个国家和地区均有小龙虾养殖。鱼类和高等水生动物可以把它当作绝好的饵料，人类也可以把它当作营养佳品食用。

  在我国，小龙虾广泛分布在各淡水水域，已成为人们餐桌上的美味佳肴，其营养价值逐渐被开发、认识，国内市场和国际市场的需求很大，市场潜力很大。

  早在2006年，小龙虾已成为我国新兴的水产养殖品种之一，我国不仅成为世界小龙虾的生产大国，也逐步成为世界小龙虾的消费大国和出口大国。盱眙"十三香龙虾"、熟冻龙虾仁、整肢龙虾等产品在国内外市场上供不应求，部分产品已远销至美国、欧盟及中国香港、澳门等地，成为我国重要的淡水渔业加工出口创汇产品。同时，我国连续成功举办"盱眙中国龙虾节"，在国内迅速掀起龙虾风暴。

  除食用价值外，小龙虾还具有独特的养殖优势，主要体现在：养殖技术日趋成熟，群众养殖小龙虾的热情高涨；饲料原料市场需求旺盛；工业市场附加值高；出口创汇能力不断加强。因此，小龙虾养殖具有广泛的市场前景。

为了帮助广大养殖户增加经济收入、改善生活条件，我们特地编写了此书，以解决读者在养殖过程中遇到的问题。本书面向广大的小龙虾养殖专业户和农村稻田养虾户以及计划进行小龙虾养殖的农民朋友，综合小龙虾养殖理论技术和实践经验，内容通俗易懂，深入浅出，实用性强，对成熟的、各种高效益养殖方式进行了有针对性地重点阐述，包括小龙虾的苗种培育、成虾养殖、饲料投喂、病害防治、捕捞运输等内容，以使读者轻轻松松学会养殖小龙虾。

最后，我们衷心希望，读者读完此书后，能有所启发，学以致用，早日走上致富之路。

Contents

目　录

第一章 小龙虾养殖概述

第一节 小龙虾概况

一、小龙虾简介

小龙虾学名为克氏原螯虾，又称龙虾、克氏螯虾、红色沼泽螯虾，具有虾的显著特征，在分类上属动物界、节肢动物门、甲壳纲、十足目、爬行亚目、螯虾科、原螯虾属。外表上看很像海中龙虾，所以被称为龙虾。但是由于它的外形比海中龙虾小，因此在生产和应用上人们称它为小龙虾（图1-1）。

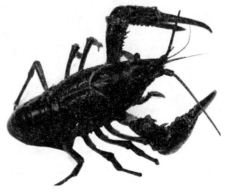

淡水螯虾是淡水生物群中的一个重要的组成部分，同时是淡水甲壳动物中个体最大的一个类群。在淡水环境中，淡

图1-1 小龙虾

水螯虾的存在十分重要，它们对于能量转换和生态平衡贡献很大。小

龙虾在淡水螯虾类中属中小型个体，目前世界上分布最广、养殖产量最高的淡水螯虾品种要属它了。气候因素对它的分布在一定程度上有很大影响，在欧洲，葡萄牙、西班牙、法国等气候温暖的地方小龙虾数量较多，而德国、意大利、瑞士这些比较寒冷的地方小龙虾则比较少。

小龙虾原产于北美洲，在美国路易斯安那州，小龙虾养殖已经成为当地农业生产的主要组成部分，虾仁等小龙虾制品被运往世界各地。如今，人类活动和其他因素使得小龙虾的分布范围越来越广，非洲、亚洲、欧洲及南美洲30多个国家和地区均有小龙虾养殖。鱼类和高等水生动物可以把它当作饵料，人类也可以把它当作营养佳品食用。

18世纪末，小龙虾成为欧洲人的重要食物来源，作为一种世界性的食用虾类，它的经济价值和营养价值正在被越来越多的人认识，有些国家还形成了颇具特色的小龙虾文化。在消费发展的过程中，小龙虾最初仅仅是人们闲暇时的观赏动物，之后较多地被当作鱼饵。随后，欧美工业的迅速发展使得许多人口密集区的饭店用小龙虾做菜，小龙虾资源得到进一步开发：从简易的鲜活小龙虾买卖转变为专门的小龙虾加工业，结合不同地区的消费习惯，已逐步形成小龙虾系列食品。

二、小龙虾引入中国及发展历程

1918年，小龙虾被引入到日本的本州，20世纪30年代末由日本引入我国南京。南京市及其郊县开始养殖小龙虾并逐步成为一个自然种群。

随着小龙虾自然种群的扩展和人类养殖活动的迅速发展，小龙虾现已广泛分布于我国的新疆、甘肃、宁夏、内蒙古、山西、陕西、河南、河北、天津、北京、辽宁、山东、江苏、上海、安徽、浙江、江西、湖南、湖北、重庆、四川、贵州、云南、广西、广东、福建及台湾等20多个省、直辖市、自治区，成为可供利用的天然种群，但长江流域仍然是其主要产区。

　　小龙虾具有繁殖速度快、迁移迅速、喜欢掘洞等特点，一定程度上会破坏农作物、鱼苗、池埂及农田水利，我国曾长期把它作为一种敌害生物来清除。但是不断地研究和生产实践表明：相比于中华绒螯蟹，小龙虾的掘洞能力、攀缘能力及在陆地上的移动速度都要弱得多。因此，只要养殖者加强管理，让小龙虾有一个适合生存的良好的生态环境，小龙虾成为一种优质水产资源是不成问题的。

　　20世纪60年代我国开始食用小龙虾，南京作为引入地，成为主要的食用地区。70年代初期，小龙虾在长江流域快速扩散，采集和食用小龙虾的地区逐渐扩大（图1-2）。

图1-2　盱眙龙虾养殖基地

　　20世纪80年代，小龙虾受到我国水产专家的关注，华中农业大学的魏青山教授、张世萍教授、陈孝煊教授和吴志新教授等先后开展小龙虾方面的基础研究，非常宝贵的第一手资料也是从这个时候获得的。80年代中后期，饭店开始销售小龙虾；90年代后，国内大中城市的小龙虾消费日益火爆，这与消费者对小龙虾的认识和媒体的广泛宣传是密切相关的。如今，国内的饭店、宾馆、超级市场和家庭餐桌随处可见小龙虾食品。

　　现在，小龙虾已成为我国主要的甲壳类经济水生动物之一，并且归划为我国淡水虾类中的重要经济品种，可以说早已不是过去的"外来户"，而应当算作"本地居民"了。到2006年，小龙虾已成为我国新兴的水产养殖品种之一，我国不仅成为世界小龙虾的生产大国，也逐步成为世界小龙虾的消费大国和出口大国。在国内外市场上，盱眙"十三香龙虾"、熟冻龙虾仁、整肢龙虾等产品供不应求，部分产品已远销至美国、欧盟及中国香港、澳门等地，成为我国重要的淡水渔业加工出口创汇产品。同时，我国连续成功举办"盱眙中国龙虾节"，在国内迅速掀起龙虾风暴，盱眙"十三香龙虾"在整个长江三角洲地区尤为风靡。

第二节　小龙虾的养殖评价

　　小龙虾生命力和繁殖力都极强，我国大多数地方都能养殖，它在各处都能自然越冬。每年8月中旬至11月和翌年的3~5月，在长江中下游地区，雌虾迎来它的两个产卵高峰期。在此期间，受精卵发育很快，孵化率和幼虾成活率也较高。此外，小龙虾具有易饲养、食性杂、生长快、抗病力强、疾病少、成活率高等特点，通常仔虾孵出后，在适宜的温度（20~32℃）、充足的饲料供给下，经过60天左右就可长成商品虾，以其肉质细嫩、味道鲜美、营养丰富，深受国内外消费者喜爱，营养价值和养殖前景已被充分证明。

一、营养价值

　　在水产品中，小龙虾以其高蛋白、低脂肪、低热量为人们所称道。每100克小龙虾的可食部分中，含有蛋白质18.6克、脂肪1.6克、糖类0.8克。同时小龙虾还富含矿物质、维生素A、维生素C、维生素D、铁、钙、磷、钠等元素（表1-1）。小龙虾含有人体必需的8种氨基酸，氨基酸的组成比肉类更合理，不但包括异亮氨酸、色氨酸、赖氨酸、苯丙氨酸、缬氨酸和苏氨酸，而且还含有脊椎动物体内含量很少的精氨酸（表1-2）。在虾黄中，含有丰富的游离氨基酸、不饱和脂肪酸、蛋白质、微量元素等。红壳小龙虾营养丰富，它的肉质中蛋白质含量明显高于青壳小龙虾，且肉中和肝中的脂肪比青壳小龙虾要低一些（表1-3）。

表1-1　小龙虾微量元素含量

单位：毫克/千克

微量元素	肉质部	头壳
Ca	2700.0	142 900.0
Mg	1300.0	3 100.0
Fe	150.0	110.0
Zn	88.0	76.0
Cu	22.0	27.0
Mn	24.0	160.0
Co	2.0	5.4
Ni	2.5	3.0
Se	2.5	5.9
Ge	4.1	5.4
Pb	2.5	7.2

表1-2　小龙虾游离氨基酸含量

单位：毫克/千克

氨基酸	肉质部	头壳	氨基酸	肉质部	头壳
天冬氨酸	226.8	175.5	异亮氨酸	613.2	343.4
苏氨酸	1099.9	592.5	亮氨酸	1118.3	575.7
丝氨酸	1212.2	346.7	酪氨酸	402.4	399.4
谷氨酸	478.5	621.2	苯丙氨酸	573.4	493.0
脯氨酸	1523.9	676.2	赖氨酸	1456.1	544.0
甘氨酸	2056.5	924.6	组氨酸	997.5	510.0
丙氨酸	6444.8	4025.1	精氨酸	23955.1	5776.9
胱氨酸	159.2	182.2	色氨酸	106.6	135.2
缬氨酸	1243.8	653.8	羟氨酸	945.5	577.9
蛋氨酸	686.9	282.6	牛磺酸	754.8	666.5

表 1-3　红壳小龙虾和青壳小龙虾营养分析

单位:%

样品	虾 肉				虾 肝			
	水分	脂肪	蛋白质	灰分	水分	脂肪	蛋白质	灰分
红壳小龙虾20	70.1	1.2	26.4	2.3	50.3	23.1	17.1	9.5
青壳小龙虾20	79.9	1.4	17.6	1.1	43.7	28.3	20.8	7.2

二、药用价值

　　小龙虾是一种高蛋白、低脂肪的保健食品,有很好的食疗作用。经常食用小龙虾,不仅可以使人体神经与肌肉保持兴奋性、提高运动耐力,而且还能抵抗疲劳、补肾、壮阳、滋阴、健胃、防治多种疾病。小龙虾体内原肌球蛋白和副肌球蛋白含量较多,可以防止胆固醇在人体内蓄积。相较其他虾类,小龙虾含有更多的铁、钙、锰和胡萝卜素。机体神经系统和肌肉兴奋性与钙和锰密切相关:随着血清钙量的下降,神经和肌肉的兴奋性增高;锰对中枢神经具有调节作用。此外,小龙虾虾壳可以入药。将蟹、虾壳和栀子焙成粉末,可治疗神经痛、风湿、小儿麻痹、癫痫、胃病及妇科病等。在美国,人们还利用小龙虾壳制造止血药。

三、商品价值和饲料价值

　　小龙虾加工制成的副食产品种类很多,例如:冻生小龙虾肉、冻生小龙虾尾、冻生整肢小龙虾、冻熟小龙虾虾仁、冻熟整肢小龙虾、水洗小龙虾肉、冻虾黄等。虾壳的作用也很大,它可用于提炼甲壳素。

　　有研究指出,用虾壳制成的饲料添加剂,对家畜养殖很有帮助。因此,小龙虾还可以当作家畜养殖的重要饲料。

第三节 小龙虾的市场概况和效益分析

一、市场概况

小龙虾可食部分达 40%，虾尾肉占体重的 15%～18%，肉质鲜美，营养丰富，是人们喜爱的一种水产食品。世界上很多国家都有吃小龙虾的习惯，欧美国家和地区是小龙虾的主要消费地。目前小龙虾销售市场前景广阔。

开发并利用小龙虾，是 19 世纪由欧美一些国家开始的。小龙虾大量被民间食用是在 20 世纪 30 年代，到 60 年代开始大规模人工养殖。作为小龙虾主产地的澳大利亚，是近 20 年来小龙虾养殖发展最快的国家。它有 300 多家小龙虾养殖场，小龙虾年产量在 5000 吨以上。小龙虾养殖最有成效的国家是美国。1960—1970 年美国的小龙虾养殖面积达 6000～7000 公顷，产量 1.2 万吨；1985—1986 年养殖面积扩大到 5 万公顷，单产低的为 500～600 千克/公顷，高的达到 3000 千克/公顷。目前美国养殖小龙虾产量占甲壳类养殖总产量的 90% 以上，它的养殖方式主要是在稻田中采用开放式或半开放式（水体边安装栅栏）的大面积养殖。

目前，小龙虾的供应远远满足不了国际、国内市场的消费需求。这是由于小龙虾主要靠天然捕捞上市，人工养殖量少。在美国，作为重要的食用虾类和垂钓的重要饵料，小龙虾的年消费量为 6 万～8 万吨，自给能力不足 1/3。瑞典每年举行为期 3 周的龙虾节，全国上下吃小龙虾，人们还在餐具、衣服上绘制小龙虾图案，景象十分壮观，每年进口小龙虾就达 5 万～10 万吨。西欧市场一年消费小龙虾 6 万～8 万吨，而自给能力严重不足，仅占总消费量的 20%。

在国内，小龙虾被越来越多的消费者青睐，已成为城乡大部分家庭的家常菜肴，风靡全国。在江苏、浙江、上海，小龙虾已经成了很多人餐桌上必不可少的一道美味。江苏省盱眙县每年举办"龙虾节"，这场盛会闻名中外，让小龙虾的饮食文化走向世界、走向高端，其代表作品是盱眙"十三香龙虾"。在武汉、南京、上海、常州、无锡、苏州、合肥等大中城市，小龙虾的年消费量都在万吨以上。在这些大中城市中，仅一个晚上，大排档、饭店的小龙虾销售量就在1.5万千克左右（图1-3）。

图1-3 口味虾

有关资料表明：在一个中型城市中，有30余家每晚能卖出150千克以上小龙虾的饭店和排档；每晚卖50千克的有100多家；每晚卖10~20千克的小摊档则数不胜数。小龙虾是南京人的最爱，在每年的小龙虾上市季节（4~10月），南京人一天至少能吃掉数十吨，最高为上百吨。据统计，2006年南京每500克20~30只的小龙虾市场价格为25元/千克，比2005年17元/千克上涨47%；每500克10

只以内的小龙虾市场价格为 45 元/千克，比 2005 年 28 元/千克上涨 60.7%，是 2004 年 18 元/千克的 2.5 倍；2008 年小龙虾的市场价格比去年同期又上涨了 5~10 元/千克。小龙虾的市场价格在近年内呈上升趋势，从目前消费水平看，国内外市场小龙虾缺口极大。为了弥补自然资源产量不足，发展小龙虾人工养殖意义重大：不但可以解决消费市场供求矛盾，还能促进农民走上致富之路。养殖小龙虾市场前景十分广阔。

二、经济效益分析

苗种价格、养殖规模、饲料价格、市场销售等都是影响小龙虾经济效益的重要因素。这就要求养殖户减少养殖的盲目性，通过规范化的生产和管理来提高养殖产量和效益。以我国淮安楚州区范集镇为例，池塘虾蟹混养 1000 亩*，平均亩产商品虾 55 千克、商品蟹 40 千克，平均每亩产值 3400 元，减去平均每亩成本 1722.5 元（表 1-4），每亩效益达 1677.5 元。

表 1-4 　虾蟹混养池塘成本项目支出

支出项目	单价	数量（千克）	总价（万元）
蟹种	0.5		24
小龙虾	16		4.8
鳜	1.5		1.8
鲢、鳙鱼种	6		1.8
螺蛳	0.2		12
配合饲料	3.85	243750	93.85
水电			4
药物			5
防逃设施折旧			5
土地租赁费用			20

合计总成本 172.25 万元，平均每亩成本 1722.5 元。

---

*亩为非法定计量单位，1 亩 = 1/15 公顷。

小龙虾与河蟹混养池塘各项收入如表 1-5 所示，1000 亩池塘，总产值 340 万元，平均每亩产值 3400 元。

表 1-5　虾蟹混养池塘各项收入情况

品种	单价（元/千克）	产值（万元）
小龙虾	16	88
河蟹	55	220
鳜	40	24
鲢、鳙	4	8

三、养殖优势

除食用价值外，小龙虾的养殖优势主要体现在：

第一，养殖技术日趋成熟，群众养殖小龙虾的热情高涨。目前小龙虾的养殖模式包括：池塘主养小龙虾，鱼种塘套养小龙虾，稻田养殖小龙虾，稻虾轮作养殖，圩滩地混养小龙虾，芦滩地养殖小龙虾，茭白田、藕田、水芹菜田等水生经济作物田轮作养殖小龙虾等。这些养殖方法操作简便且成本较低，十分易于推广。我国最大的小龙虾养殖区是江苏省，据统计，2007 年全省养殖面积达 24.18 万亩，平均单产商品小龙虾 75~150 千克/亩，合计总产值达 4.8 亿元；2008 年小龙虾养殖面积近 50 万亩，经济价值显著。小龙虾养殖有可能成为仅次于河蟹养殖的又一养殖产业。

第二，饲料原料市场需求旺盛。许多鱼类和经济水产动物重要的饵料来源是小龙虾。小龙虾在除去甲壳后身体的其他部分可当饵料。在 10 多年前，河蟹养殖都把小龙虾作为重要的饲料源。小龙虾经加工后的废弃物也可作为饲养其他动物的饲料。

第三，工业市场附加值高。近年来小龙虾的工业价值不断被开发，虾青素、虾红素、甲壳素、几丁质、鞣酸及其衍生物等从小龙虾的甲壳中提取的物质用途广泛，可用于食品、饮料、医药、工业、造纸、印染、日用化工、农业和环保等方面。甲壳加工还具有投资少、效益高的特点。

第四，出口创汇能力不断加强。过去小龙虾的出口创汇价值很高，主要体现在虾仁部分，欧盟、日本、美国、澳大利亚、东南亚等是小龙虾的主要市场。如今虾黄、尾肉及整条虾都可用于出口。

第二章　小龙虾主要生物学特性

第一节　小龙虾的形态特征

一、外部形态

小龙虾的整个身体由头胸部和腹部组成，它的体表具坚硬的外骨骼，体形粗短，左右对称。它的头部和胸部完全连结成一个整体，粗大完整，被称为头胸部，但它的腹部与头胸部却是明显分开的。在小龙虾的21个体节中，除了尾节没有附肢，其余部分都有，其中头部5对，胸部8对，腹部6对，共19对。它的尾节与第六腹节的附肢共同组成尾扇。小龙虾不是很擅长游泳，而是喜欢匍匐爬行。

1. 头胸部

小龙虾的头胸部由头部6节和胸部8节连结而成，特别粗大，外被头胸甲。头胸甲钙化程度很高，十分坚硬，长度占小龙虾身体的一半。额剑光滑、扁平，呈三角形，中部下陷成槽状，前端尖细。额剑带眼柄的复眼可自由转动，长在基部两侧。头胸甲背面与胸壁相连，两侧游离形成鳃腔。头部与颈部有一条分界线，是头胸甲背部中央的一条横沟，也称颈沟。头胸部共有附肢13对（表2-1）。头部5对，

表2-1 小龙虾各附肢的结构与功能

体节		附肢名称	结构/分节数			功能
			原肢	内肢	外肢	
头部	1	小触角	基部有平衡囊/3*	连接成短触须	连接成短触须	嗅觉、触觉、平衡
	2	大触角	基部优腺体/2	连接成短触须	宽薄的叶片状	嗅觉、触觉
	3	大颚	内缘有锯齿/2	连接成短触须/2	退化	咀嚼食物
	4	第一小颚	薄片状/2	很小/1	退化	摄食
	5	第二小颚	两裂片状/2	末端较尖/1	长片状/1	摄食、激动鳃室水流
胸部	6	第一颚足	片状/2	小而窄/2	非常细小/2	感觉、摄食
	7	第二颚足	短小、有鳃/2	短而粗/5	细长/2	感觉、摄食
	8	第三颚足	有鳃、愈合/2	长、粗而发达/5	细长/2	感觉、摄食
	9	第一胸足	基部有鳃/2	粗大、呈螯状/5	退化	攻击和防卫
	10	第二胸足	基部有鳃/2	细小、呈钳状/5	退化	摄食、运动、清洗
	11	第三胸足	基部有鳃,雌虾基部有生殖孔/2	细小呈钳状,成熟雄/5	退化	摄食、运动、清洗
	12	第四胸足	基部有鳃,雄性基部有生殖孔/2	细小呈瓜状,成熟雄/5	退化	运动、清洗
	13	第五胸足	有生殖孔/2	细小/5	退化	运动、清洗

（续）

体节		附肢名称	结构/分节数			功能
			原肢	内肢	外肢	
	14	第一腹足	雌性退化，雄性演变成钙质的交接器			雄性输送精液
	15	第二腹足	雄性联合成圆锥形管状交接器			雄性辅助第一腹足；雌性有激动水流、抱卵和保护幼体的功能
腹	16	第三腹足	雌性短小/2	雌性成分节的丝状体	雌性接连成丝状体	激动水流，雌性还有抱卵和保护幼体功能
部	17	第四腹足	短小/2 短小/2	分节的丝状体 分节的丝状体	丝状 丝状	激动水流，雌性还有抱卵和保护幼体功能
	18	第五腹足	短小	分节的丝状体	丝状	激动水流，雌性还有抱卵和保护幼体功能
	19	第六腹足	短而宽/1	椭圆形片状/1	椭圆形片状/1	游泳，雌性还有保护卵的功能

*数字代表分节数。

前 2 对为触角，呈细长鞭状，具感觉功能；后 3 对为口肢，分别为大颚和第一、第二小颚。大颚坚硬而粗壮，内侧有基颚，形成口器，内壁附有发达的肌肉束，对咬切和咀嚼食物很有益处。胸部胸肢 8 对，前 3 对为颚足，后 5 对为步足。

2. 腹部

小龙虾的腹部分节明显，由尾节等 7 节组成。节与节之间有膜，外骨骼由背板、腹板、侧板和后侧板组成，尾节扁平。腹部的 6 对附肢（表 2-1）被称为游泳肢，不太发达。雄性个体第一、二对腹肢变为管状交接器，雌性个体则呈现出第一对腹肢退化的现象。它们的尾肢十分强壮，与尾柄一起合称尾扇。

3. 体色

小龙虾的坚硬甲壳是由几丁质、石灰质等组成的，被称为"外骨骼"，对身体起支撑、保护作用。

小龙虾的体色随着年龄和栖息环境的不同而产生相应的变化。性成熟的小龙虾呈暗红色或深红色，未成熟的小龙虾为青色或青褐色，有时还可以见到蓝色的小龙虾。生活在长江中的成熟的小龙虾呈红色，未成熟的呈青色或青褐色；有些生活在水质恶化的池塘、河沟中的成熟小龙虾常为暗红色，未成熟的常为褐色，甚至黑褐色。小龙虾体色的改变是为了适应环境，也是为了更好地保护自己。

二、内部结构

小龙虾体内无脊椎，具有消化系统、呼吸系统、循环系统、排泄系统、神经系统、生殖系统、肌肉运动系统和内分泌系统的节肢动物（图 2-1）。

1. 消化系统

小龙虾的消化系统由口器、食管、胃、肠、肝胰脏、直肠及肛门组成。

（1）口器。位于大颚之间，后接食管。食管食物由口器的大颚切断咀嚼后送入口中。

（2）食管。很短，呈管状。经食管进入胃。胃膨大，分贲门胃和幽门胃两部分，贲门胃的胃壁上有钙质齿组成的胃磨，蜕壳前期和蜕壳期较大，蜕壳期间较小，起着调节钙质的作用。

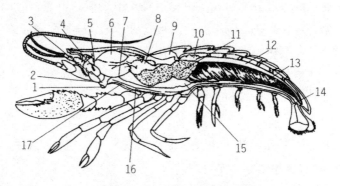

图2-1 小龙虾的内部结构

1.口 2.食管 3.排泄管 4.膀胱 5.绿腺 6.胃 7.神经
8.幽门胃 9.心脏 10.肝胰脏 11.性腺 12.肠
13.肌肉 14.肛门 15.输精管 16.副神经 17.神经节

（3）肠。前端连接胃部，肠的后段细长，位于腹部的背面，其末端为球形的直肠，通肛门，肛门开口于尾节的腹面。通过腹部的背部，连接尾部的排泄孔。

（4）消化腺。在头胸部的背面，肠的两侧各有一个黄色分支状的肝胰脏，除分泌消化酶帮助消化食物外，还具有吸收贮藏营养物质的作用。

2. 呼吸系统

小龙虾的呼吸系统由鳃组成，共17对。其中7对鳃较为粗大，与第二、第三颚足及第五对胸足的基部相连；其他10对鳃细小，呈薄片状，与鳃壁相连。小龙虾呼吸时，颚足驱动水流入鳃室，水流经过鳃完成气体交换，水流的不断循环，保证了呼吸作用所需氧气的供应。

3. 循环系统

小龙虾的循环系统是一种开管式循环，包括心脏、血液和血管。心脏位于头胸部背面的围心窦中，为半透明、多角形的肌肉囊，有 3 对心孔，内有防止血液倒流的膜瓣。血液即是体液，为透明、无色的液体。血液中含血蓝素，与氧气结合呈蓝色。

4. 神经系统

小龙虾的神经系统由神经节、神经和神经索组成。神经节的主要构成部分有脑神经节、食道下神经节等。神经连接神经节通向全身，使虾能正确感知外界刺激，并迅速做出反应。小龙虾的感觉器官为第一、第二触角以及复眼和触角基部的平衡囊，司嗅觉、触觉、视觉及平衡功能。

5. 生殖系统

小龙虾性腺位于头胸甲内，雌雄异体。

雌性生殖器官：包括卵巢 3 个，呈三叶状排列。

雄性生殖器官：包括精巢 3 个，精巢呈三叶状排列，为乳白色。

第二节　小龙虾的生活习性

一、栖息

小龙虾喜阴怕光，沟水渠、坑塘、湖泊、水库、稻田等浅水水域是它经常栖息的地方，昼伏夜出，傍晚觅食，食性很杂，冬夏穴居。它适应环境的能力很强，在一些其他鱼、虾不能生存的富营养水体中也能够生活。

小龙虾离水后可存活 7~15 天（在气温不超过 18℃ 的条件下）。如果是在夏季，离水后在保持湿润的条件下可存活 2~5 天。在冬季枯水期，利用雨水和晚间的露水，岸边泥洞中的成虾使鳃部保持湿润可存活 1~2 个月甚至更长时间。如果虾脱水时间较长，再次放入水中，将会产生应激反应和拒食现象，成活率低于 50%。

小龙虾对氨氮有较高的耐受力，对多数甲壳动物和鱼类有剧毒的氨氮，对它却没有什么损伤。幼虾的安全浓度达 7.94 毫克/升，亚硝酸盐氮对小龙虾仔虾的安全浓度为 1.52 毫克/升，比其他虾类要高出很多。

小龙虾对重金属也有较强的耐受力，其幼虾对硫酸铜的安全浓度为 7.83 毫克/升，远高于罗氏沼虾的 0.506 毫克/升，因此小龙虾具有较高的耐污能力。

对农药和渔药，小龙虾反应敏感，有机磷类药物只要超过 0.7 毫克/升，小龙虾就会中毒。鱼类安全消毒药物，如漂白粉、生石灰粉等剂量过大，小龙虾会或轻或重地表现中毒症状。如生石灰对小龙虾幼虾的安全浓度为 8.08 毫克/升，因此，追施石灰进行水体消毒时的浓度不应超过 5.0 千克/亩，过量使用石灰会造成小龙虾幼虾受损。

二、行为

1. 打斗行为

小龙虾凶猛好斗，个体间经常发生攻击行为。报道称，幼虾在第二期就显示出种内攻击行为，当两只成虾相遇时，两虾都抬高前体，两大螯伸向前方，呈战斗姿势。双方对峙数秒，如果有一方退却，另一方则会乘胜追击，如果任何一方都不退却，厮杀就会展开，直到一方退却或败走为止。

当密度过高、缺饵、水环境恶化等状况发生时，小龙虾就会出现相互残杀的现象。一般幼虾超过 2.5 厘米时，相互残杀现象就十分明显。这时如果一方是刚蜕壳的软壳虾，就很有可能被对方杀死或吃掉（图 2-2）。

图 2-2　好斗的小龙虾

2. 领域行为

小龙虾具有很强的领域行为，它们会为自己精心选择某一区域作为领域，这一区域仅供自己进行掘洞，不允许其他同类进入，只有在繁殖季节，才可有异性进入。在养殖过程中，渔民巧妙地利用人工隐蔽物或移植水草等方法，增加了环境的复杂度，达到了增加养殖密度，提高养殖成活率的目的。

3. 掘洞行为

小龙虾具有很强的掘洞能力。冬、夏两季，一般在水体的近岸掘穴，常营穴居生活，夏季洞穴较浅，冬季洞穴较深。洞穴的大小以虾的身体长短为准，洞穴底部一般有水（图 2-3、图 2-4）。

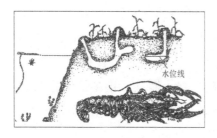

图 2-3　小龙虾洞穴示意图

图 2-4　小龙虾洞穴

小龙虾多选择夜间进行掘洞，通常可持续 6~8 小时，成虾一夜挖掘深度可达 40 厘米，幼虾可达 25 厘米；成虾的洞穴深度大部分在 50~80 厘米，小部分可以达到 80~150 厘米；幼虾洞穴的深度在 10~25 厘米；体长 1.2 厘米的稚虾已经可以掘洞，洞穴深度在 10~20 厘米。

小龙虾的洞穴可分为简单洞穴和复杂洞穴两种：大部分洞穴位于水面上下 10 厘米之间，只有一条穴道，是简单洞穴；仅 15% 的洞穴较复杂，位于水面以上 20 厘米处，有 2 条以上的穴道。通常每个洞穴中有 2 只虾，少数洞中有 3~5 只虾。

当水位降落或者温度不适应时，小龙虾会进入洞穴中躲避。夏季高温和冬季寒冷季节，为躲避极端温度，小龙虾大量穴居。

7~10 月，在天然水域，小龙虾大部分处在繁殖阶段。由于小龙虾的交配产卵是在洞穴中进行的，此时掘洞强度增大。

根据小龙虾的穴居习性，养殖池塘底质用黏土或壤土最好。小龙虾喜阴怕光，白天喜欢入洞潜伏或候守洞口，夜间则出洞活动。

它的活动随着季节的不同而发生变化：春季里它喜欢活动在浅水中；夏季里它喜欢活动在较深一点的水域之中；秋季里它喜欢在有水的堤边、坡边、埂边和曾经有水、秋天干涸的湿润地带营造洞穴；冬季里它喜欢藏身于洞穴深处越冬。

4. 迁徙习性

小龙虾有较强的迁徙能力，特别喜新水活水，在养殖池中，常见它们成群地聚集在进水口周围，大雨天它们也可以逆向水流上岸，从一个水域进入另一个水域，在迁徙的同时，完成觅食和交配等活动。当水中环境不适时，小龙虾也会爬上岸边栖息，并在暴雨之夜趁机爬上岸寻找食物和新的栖身地。因此，养殖场地要有围栏设施防止小龙虾逃跑。

三、食性与摄食

1. 食性

小龙虾食性杂，各种鲜嫩的水草、水体中的底栖动物、软体动物、大型浮游动物、鱼虾的尸体以及人工投喂的各种植物、动物下脚料及人工配合料都可以供其食用。

不同的生长发育阶段，小龙虾的食性也不同。刚孵出的幼体以自身卵黄为营养；幼体第一次蜕壳后（Ⅱ期幼体），开始摄食浮游植物及小型枝角类幼体、轮虫、腐殖质和有机碎屑等；Ⅲ期幼体能摄取水中的小型浮游动物，如枝角类和桡足类等；幼虾具有捕食水蚯蚓等底栖生物的能力；成虾的食性更杂，能捕食甲壳类、软体动物、水生昆虫幼体等，水草，植物的根、茎、叶，水底淤泥表层的腐殖质及有机碎屑等。野生状态下，小龙虾主要摄食水生高等植物，接下来是浮游动物枝角类，而对藻类、蚊幼虫等的摄食强度较低；由于小龙虾能适应多种生境，它的食物组成随栖息地食物丰度而发生改变，丰度高的食物是其主要摄食来源（表2-2、表2-3）。

表 2-2　淡水小龙虾对各种食物的摄食率

项目	名称	摄食率（%）	项目	名称	摄食率（%）
植物	眼子菜	3.2	动物	水蚯蚓	14.8
	竹叶菜	2.6		鱼肉	4.9
	水花生	1.1	饲料	配合饲料	2.8
	苏丹草	0.7		豆饼	1.2

表 2-3　淡水小龙虾的食物组成

食物名称	体长 4.00~7.00 厘米（n=51）		体长 7.00 厘米以上（n=45）	
	出现率（%）	占食物团比重（%）	出现率（%）	占食物团比重（%）
菹草	52.2	34.4	55.1	27.0
金鱼藻	45.3	15.5	46.1	17.1

（续）

食物名称	体长 4.00~7.00 厘米（n=51）		体长 7.00 厘米以上（n=45）	
	出现率（%）	占食物团比重（%）	出现率（%）	占食物团比重（%）
光叶眼子菜	27.0	8.4	37.2	9.4
马来眼子菜	19.6	13.7	23.3	16.5
植物碎片	30.4	20.3	33.1	23.2
丝状藻类	40.1	5.7	43.4	4.1
硅藻类	55.3	<1	43.5	<1
昆虫及其幼虫	30.1	<1	33.1	<1
鱼蛙类	14.5	<1	15.2	<1

显然，在小龙虾的食物组成中，植物性饵料所占比率达到98%以上。动物性饵料中，以水蚯蚓的摄食率最高，这与水蚯蚓具有较好的诱食性有关。由此可见，在野生条件下，小龙虾以水生植物和有机碎屑为主要食物。所以，人工养殖小龙虾时水草的种植一定不能忽视。只有水草丰盛，才能取得较好的养殖效果。虾苗若在缺少有机碎屑仅以水草为食的饲养条件下，由于水草不适口，生长速率也会降低。为了满足虾苗的生长需要，应注意补充投喂人工颗粒饲料。

2. 摄食

小龙虾具有贪食、争食的习性，摄食能力很强。当饵料不足或群体过大时，会发生相互残杀的现象。常出现硬壳虾残杀并吞食软壳虾的现象。小龙虾用螯足捕获大型食物，撕碎后再送给第二、三步足抱食。对于小型食物则直接用第二、三步足抱住啃食。小龙虾猎取食物后，为防止其他虾来抢食，常常会迅速躲藏或用螯足保护食物。

由于小龙虾的胃容量小、肠道短，因此，它必须连续不断地进食才能满足生长的营养需求。如果主食是颗粒饲料，最佳的选择应当是少量多餐。小龙虾主要在浅水水域进行摄食活动，摄食不分昼夜，但昼夜节律还是比较明显的，多在傍晚或黎明，尤以黄昏为多。人工养殖的小龙虾经过一定的驯化，白天也同样会出来觅食，但晚间的摄食活动明显多于白天。它的摄食节律主要受光照、温度、季节等环境影响，与个体大小和性别没有多大关系。摄食平均饱满指数在6：00最高，18：00最低；白天呈现递减趋势，晚间呈现递增趋势。小龙虾主要在傍晚觅食，18：00—21：00是其摄食最高峰，傍晚饲料投喂后3小时吃食最旺盛。

小龙虾忍受饥饿的能力非常强，即使十几天不进食，也不会面临死亡的危险。但在生长季节就不一样，如果此时长期处于饥饿状态，小龙虾就会出现蜕壳激素和酶类分泌混乱的现象。水温升高或水质变化对小龙虾也有很大影响，会导致小龙虾蜕壳不遂并大批量死亡。当水温达到15~28℃时，最适宜小龙虾摄食。在适温范围内，小龙虾的摄食强度会随着水温的升高而增强。当水温低于8℃时，小龙虾的摄食明显减少；可是即使水温降至4℃，体重在30克的小龙虾进食量仍能达到2~3克/天；一旦水温超过35℃，且水体中溶氧量低于1.5毫克/升时，小龙虾的摄食量出现明显的下降。

四、蜕壳与生长

小龙虾体重和体长的生长是通过蜕壳来实现的。一般情况下，小龙虾蜕壳会选择在夜间的洞内进行，有些小龙虾也会选择在白天的草丛中进行。小龙虾在蜕壳之前，会在水草比较丰盛的地方打洞或者在草丛中潜伏，此时它们便不再进食。小龙虾的蜕壳过程大约需要5~10分钟。蜕壳时它们体内的液体增多，钙质也逐渐转移，接下来小龙虾会在水底侧卧，腹肢间歇性缓缓划动，同时虾体也急剧弯曲，当弯曲成"U"形时，头胸甲壳与第一腹节背面连接处的关节膜会张裂开来，但要新虾体从这个裂缝处向外蜕出来，小龙虾还需经过几次突发性的连续蹦跳。蜕壳刚完成的时候，虾体的颜色较浅，也比较柔软，活动力不强。待到1小时左右，虾体的颜色转深，虾壳逐渐变硬，同时伴随着躲避能力的增强。正因为这样，小龙虾在刚蜕壳时最容易遭受同类的攻击和残杀，这也是小龙虾养殖过程中成活率降低的主要原因之一。

水温、营养及个体发育阶段都会影响小龙虾的蜕壳。在水温高、食物充足的情况下，小龙虾的蜕壳时间间隔短。在水温达到24~28℃时，幼体一般2~5天蜕壳一次；幼虾在离开母体后，5~8天蜕一次壳。如果虾体长大，蜕壳周期也会跟着延长8~20天。在达到性成熟时，蜕壳次数则每年减少至1~2次。小龙虾蜕壳后体长会相应增加，长10厘米的小龙虾，蜕壳后的体长可增加13%之多。如果在25~30℃的水温下饲养6~8个月，体重可达60~150克。

小龙虾蜕壳集中在5~6月，除冬季外，春季、夏季和秋季都可进行。在整个生命周期中，小龙虾到底要蜕多少次壳，目前并没有一个统一的定论。但在探寻如何促进小龙虾蜕壳的方法上却大有收获。水流刺激法、投喂蜕壳素、营养强化和化学诱导法等都可以应用到小龙虾的生产中，能够达到刺激虾苗蜕壳，提高小龙虾养成规格和养殖产量的目的。

正确的养虾管理离不开准确划分所养殖龙虾的生长阶段。龙虾不同时期的生长特点不同，若能根据这一规律制订与之相适应的喂养方案，并付诸实践，就能使养虾大获成功。由于小龙虾生长繁殖较快，如果采用春天繁殖的虾苗人工喂养，4个月小龙虾就可长到7~9厘米，体重达15~30克；若是采用初夏繁殖的虾苗，3个半月就可长到8厘米左右，体重达25~30克；若采用的虾苗是秋冬繁殖的，越冬后经过4~5个月的饲养，长度可达9~10厘米，体重达25~45克。小龙虾的生命周期通常为13~25个月，一般从受精卵开始，经过一段时间的孵化生成仔虾，仔虾逐渐变为幼虾，幼虾至性腺成熟成为成虾。小龙虾自离开母体至性腺成熟，它的养殖生产阶段可划分为分离期、幼苗期、硬壳期和打洞造穴期4个时期。划分龙虾生长阶段要有一定的灵活性，划分的时间界线要根据不同时期破膜而生的虾苗而定。在每年的9~10月破膜而生的龙虾，它的分离期可定为翌年的2~4月，幼苗期定为5~6月，硬壳期定为7~8月，打洞期定为9~10月。

第三节 小龙虾的繁殖习性

一、性别特征

小龙虾雌雄异体，外部特征很容易鉴别（图2-5）。

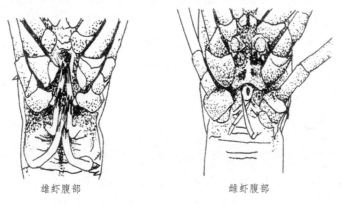

雄虾腹部　　　　　　　　　　　雌虾腹部

图2-5　雌雄虾特征

（1）雌虾的第一腹肢已退化，细小，第二腹肢正常；雄虾第一、二腹肢变成管状，较长，呈淡红色，第三、四、五腹肢为白色。

（2）雄虾的螯比雌虾发达，成熟的雄虾特征明显：性成熟的雄虾螯足两端外侧有一明亮的红色软疣，螯上有随季节变化而变化的倒刺。每年的春夏交配季节，倒刺长出来，而到了秋冬季节，倒刺就消失；相反，雌虾则没有倒刺。

（3）雌虾腹部有1个纳精囊和4个钙质化的附肢，还有1对位于第三对步足基部的生殖孔和1对位于第五对步足基部的生殖突。雌虾的生殖孔呈圆形，覆盖着一层薄膜。

（4）对于同龄的小龙虾，雄虾比雌虾大。

二、性成熟

要达到性成熟，在天然环境条件下，小龙虾需要 6~12 个月的时间。性成熟的小龙虾个体体重多为 25 克以上，偶尔也会有体重为 15 克的抱卵雌虾。产卵小龙虾的体重大多都在 30 克以上。在同龄亲虾中，雄虾个体比雌虾稍大，比例接近 1：1。因为虾苗生长的环境不同，小龙虾性成熟的周期也不同。以长江流域为例，春季孵化出膜的虾苗，长到 10~12 月即可达到性成熟；夏、秋季孵化出膜的虾苗要越冬，翌年 5~10 月才能完成性成熟；春季和夏、秋季繁育出的虾苗，在每年的 9~11 月初经历性成熟并产卵繁殖的重叠区。因此，这一时期也是繁殖高峰期，小龙虾产卵相对集中。

三、交配与产卵

一年中的任何时期只要水温适宜，小龙虾就能交配产卵。小龙虾在自然环境中的两个产卵高峰期分别是：每年的 5 月左右、每年的 9~11 月。小龙虾在我国的多数地区的产卵高峰期为 9~11 月。10 月小龙虾产卵最为集中。而 1~2 月，水温太低，很少有虾可以在这时产卵。在 3~8 月水温升到 12℃ 以上的时候，性成熟的亲虾就开始交配和产卵。

当性腺发育成熟后的雌虾蜕壳时，雄虾总是预先守候在雌虾旁边。在雌虾完成蜕壳后约 4 小时，雄虾开始接触雌虾。

交配时雄虾的胸腹部紧紧与雌虾身体相贴，互相拥抱，并且用一对强有力的大螯（第一螯足）夹紧雌虾大螯，显得非常兴奋，昂首挺身，触须不停地摆动，用力使身躯与雌虾一起翻转。雄虾的腹部有力地颤动，射出乳白色透明的精荚，附着在雌虾第四和第五步足之间的纳精器中，精荚由一层较薄的生物胶状物包被。产卵时，卵子通过精荚释放出精子，两者结合，受精过程即可完成。交配的时间有长有短，短的仅需 5 分钟，长的能达到 1 个小时以上。大多数小龙虾都能在 10~20 分钟之间完成交配。交配时间短的小龙虾产卵前的交配次数不定，有的交配 1 次即可产卵，有的交配 3~5 次才能产卵。交配间隔时间短的大概几小时，长的多达 10 天。在雌虾和雄虾之间还存在着重复交配的现象，有些雌虾交配后数天内就可以产卵，多数雌虾交配后经过 2 个月以上才产卵。

小龙虾产卵行为大多在自然水域中的洞穴内进行。产卵时身体弯曲，靠不停地扇动游泳足保护产出的卵粒，以确保卵粒从贮精囊上经过并受精成功。受精后的卵子一般附着在游泳足的刚毛上，随着虾体的伸曲，卵子便逐渐产出。这一过程需要 10~30 分钟的时间。刚产出的卵为淡黄色或黑褐色的圆球形。胚胎不断发育，受精卵逐渐变成棕褐色，没有受精的卵则渐渐变成混浊白色，脱离虾体。在自然环境条件下，我国长江流域的一只雌虾一年一般可产卵两次。

小龙虾的产卵量不高，亲虾个体大小及营养决定着产卵的多少。小龙虾每次产卵少则几十粒，多则 500~1000 粒。大部分小龙虾的产卵量为 150~300 粒。一般情况下，个体越大，产卵量越多。体重 25~35 克的雌虾，产卵量平均可达到 100 粒；体重 40~50 克的雌虾，产卵量平均为 200~250 粒。雌虾体重、体长与产卵量的关系见表 2-4。

表 2-4　雌虾体重、体长与产卵量的关系

体长（厘米）	7~8	8~10	10~12	12~14	14 以上
体重（克）	25~35	34~40	45~50	50 以上	
平均产卵量（粒）	100	140	240	300	390

四、胚胎发育

小龙虾产卵后，以抱卵的方式进行孵化。它的胚胎发育时间较

长，其进程和水温高低密切相关，水温高孵化时间就短；水温低的时候，孵化期最长可达 2 个月。如果水温达到 10~15℃，幼体孵化出膜需要 40~50 天；18~20℃时，需要 30~40 天；22~25℃时，需要 19~25 天；30~33℃时，只需 9~12 天即可孵出幼体。随着胚胎发育的进程，受精卵的颜色也会发生变化。刚产下来的卵呈黑褐色，越往后颜色越淡，出现眼点后，卵的颜色会变成棕褐色。胚胎发育成熟的标志为部分黑色区域转为透明，幼体即将孵出。在整个孵化过程中，亲虾的游泳足会不停地摆动，形成的水流可保证受精卵孵化对溶氧的需求。为保证孵化的顺利进行，亲虾还会利用第二、第三步足及时剔除未受精的卵以及病变、坏死的受精卵。

五、幼体发育

刚孵出的 I 期幼体以卵黄囊作为营养来源，体色较淡，呈橘黄色或浅褐色。由于小龙虾亲虾具有护幼习性，I 期幼体出膜后寄生在母虾腹部的腹肢上。幼体的外形与成虾有着明显的差异，头胸甲膨大、透明，尾扇的内外肢还未形成，仅有尾节，平均体长约 0.75 厘米，暂不具备活动能力。I 期幼体在经过一次蜕皮后变态为 II 期幼体，外形接近成体，有活动能力，虽多数时间仍攀附在母虾腹肢上过寄生生活，但偶尔也会离开母体寻觅藻类和有机碎屑作为食物。发育至 III 期幼体的小龙虾活动能力显著增强，它们会围绕在母体周围活动和觅食，遇到干扰或危险，就会立即返回母虾腹部。III 期后的虾苗开始独立生活，体长约 1.0 厘米，形态与成体完全相同。当水温或洞穴内温度在 25~32℃时，小龙虾会在 20~30 天离开母体；水温在15~24℃时，小龙虾在 30~70 天离开母体。晚秋时节孵化出来的仔虾，依附母体的时间较长，可达数月之久，冬天过后才离开母体。虽然小龙虾的产卵量少，但由于母虾的护幼习性，幼体的成活率还是比较高的。正因为这样，小龙虾的分布范围在短时间内得到快速扩大，天然资源数量也迅速增加。

小龙虾生长速度较快，在生长环境适宜的条件下，孵化出膜的幼体经过 3 个月就可长成体重 25~40 克的商品虾。

第四节　小龙虾养殖环境质量的要求

一、对水质的要求

养虾的时候必须考虑水质的好坏，它是池塘养虾的首要条件，并关乎虾的生长发育。是否适合虾的栖息生长，可以从物理、生物、化学 3 个方面考虑。

1. 水温

小龙虾对水温的要求并不特殊，水温只要在 1~40℃ 之间，小龙虾都可生存，它的生长水温为 10℃ 以上，适宜水温为 16~33℃，最适水温为 20~32℃。但当温度低于 20℃ 或高于 32℃ 时，小龙虾的生长率就会下降。成虾对高温和低温都有一定的承受力，整个冬季小龙虾仍会爬出洞穴觅食，但当水温低于 10℃ 时，便会潜入洞内过冬。在水温高于 33℃ 时，小龙虾白天进入深水区活动，晚上则在浅水区或草丛中觅食。

2. 溶解氧

小龙虾在天然水域中能够适应极其恶劣的生态环境，但是必须满足两个前提条件：一是水体中必须有丰富的天然饵料；二是水体的溶氧量不可太低。

当水体缺氧时，小龙虾会爬到水草上或岸边来呼吸，因此小龙虾对水体中溶解氧要求并不高。但养殖时就不一样，缺氧会导致小龙虾出现"浮头"现象，这时虾壳会变硬、变厚，颜色发黑，生长缓慢，变成所谓的"老头虾"。为防止养殖池缺氧，可以采用微孔增氧技术，能够让池塘溶氧量维持在一个较高的水平上。

3. 酸碱度

在人工养殖中，小龙虾对养殖水体的酸碱度的要求以微碱性为宜，和鱼类基本相似。pH 为 7~9 的水体是小龙虾生长和繁殖的最佳环境。调节水体的酸碱度，在生产中可用泼洒生石灰水的方法。

4. 重金属离子

小龙虾不能接触重金属离子，重金属离子会对小龙虾产生严重的毒害作用。毒害途径有以下两条：一是重金属与生物体内蛋白质结合，这会抑制酵素酶的活动，直接破坏小龙虾正常的生理作用；二是重金属与鳃黏膜结合，破坏鳃组织，阻碍呼吸，导致小龙虾窒息死亡。常见重金属离子及有毒物对幼虾的毒性见表 2-5。

表 2-5　常见重金属离子及有毒物对幼虾的毒性

单位：毫克/升

毒物名称	24 小时 LC_{50}	48 小时 LC_{50}	96 小时 LC_{50}	安全浓度
汞（Hg^{2+}—$HgCl_2$）	0.1	0.018		
铜（Cu^{2+}—$CuSO_4$）	10	2.25	0.17	0.017
锌（Zn^{2+}—$ZnSO_4$）	3.1	2.5	0.3	0.03
铅（Pb^{2+}—$PbNO_2$）		6.8	1.6	0.16
酚（C_8H_6—OH）	27	25.5	7	0.1
氯化汞	1.52	0.57	0.42	0.04
硫酸铜	10.1	8.4	5.3	0.53
硫酸锌	12.0	7.0	4.2	0.42
原油	20.0	13.1	11.1	1.11
汽油	1.18	1.0	1.0	0.1
煤油	1.42	1.25	0.2	0.02
润滑油	7.0	5.0		
轻柴油		15	5.0	0.5

（续）

毒物名称	24 小时 LC_{50}	48 小时 LC_{50}	96 小时 LC_{50}	安全浓度
马拉硫磷	0.68	0.021	0.013	0.0013
敌百虫			0.056	0.0056
内吸磷	0.1	0.04	0.026	0.0026
杀虫脒	11.5	5.9	2.85	0.285
五氯酚钠			0.32	0.032
苯酚	36	31	22	2.2
间苯二酚	168	22.5	10	1.0
对苯二酚	1.17	0.6	0.6	0.06
对氯基苯酚	3.15	1.32	1.32	0.132
甲醛	3.7	2.8	2.6	0.26
丙烯腈	25	16	7	0.7
水合氯醛	420	360	2.85	2.85
硫化钠	3.21	2.28	2.0	0.2
水合肼	3.7	0.87	0.31	0.031

注：LC_{50}表示半数致死浓度。

二、对土壤及底泥的要求

1. 土壤

建造虾池，最好选用壤土、黏土。沙质土不宜进行小龙虾养殖，因其保水性差，小龙虾挖洞后不稳固，容易崩塌，这样就会直接导致小龙虾养殖成活率下降。而壤土、黏土，具有保水力强的特点，小龙虾挖洞穴居十分方便。

2. 底泥

小龙虾营底栖生活。不良的养殖环境会降低小龙虾的养殖产量。虾塘中淤泥不宜过多，一般保持在 15 厘米以内最佳。淤泥过多则会使下层水长期缺氧，下层氧债高。

养殖小龙虾，要格外注意改善池塘环境，防止淤泥过多。一般情况下，经过几年养殖后，虾池中会残存饵料、粪便等，与泥沙混合，会形成淤泥沉积池底。淤泥积累到一定程度，会造成水体缺氧。在这种情况下，有机物会产生大量的有机酸类物质，使池中的 pH 下降，致病微生物将大量繁殖。这种环境十分不利于小龙虾的成长，会造成小龙虾抵抗疾病的能力减弱，新陈代谢下降，引发各种疾病。淤泥过多的老池塘可以采取下列措施清理：

（1）清塘。池塘每年排水一次，挖去过多的淤泥。挖去的淤泥可作为作物或青饲料的肥料。

（2）晒池。虾池中的水排干后，可以通过日晒或冰冻杀灭病菌，增加淤泥的通气性，还可以促使淤泥的中间产物分解、矿化，变成简单的无机物。

（3）消毒。生石灰具有消毒，杀灭寄生虫、病菌和害虫以及使池塘保持微碱性，提高池水的硬度的作用。在池中撒入生石灰，可以增加池水的缓冲能力，淤泥中被胶体吸附的营养物质也会被替换释放，从而增加水的肥度。

三、养殖用水处理方法

处理养殖用水，主要是为了将污水中的污染物分离出来，或将其转化为无害物质，从而保证水质的洁净。所采取的原理和方法一般分为三类：物理法、化学法和生物处理法。

1. 物理法

（1）栅栏。养殖池塘进水口的栅栏一般是由竹箔、网片或金属结构的网格组成的。它能防止水中的杂鱼、漂浮物和悬浮物进入进水口，减少水泵、管道堵塞，或敌害生物进入养殖水体等现象。

（2）筛网。筛网能够去除浮游动物和较大的有机物，一般由尼龙筛绢制成。

（3）沉淀。沉淀是借助水中悬浮固体本身重力，沉淀于塘底部，使其与水分离。

（4）过滤。养殖用水处理中比较经济有效的方法之一就是过滤，养殖用水的预处理用到它，养殖用水的最终处理也靠它。

常见的滤料主要有石英砂、炼渣、砾石等。滤料的种类影响着滤料层的厚度。通常情况下，粒径较大的滤料，孔隙率大，滤料层就厚一些；粒径较小的滤料，孔隙率小，滤料层就薄一些，但也不会少于0.5~0.6米。

2. 化学法

养殖用水添加化学药剂，可以促使污染物混凝、沉淀、氧化还原和络合。运用这种方法，可以除去水中的污染物。

（1）重金属的去除。去除水中重金属常用的物质是一种被称为乙二胺四乙酸二钠的白色粉末状结晶。该物质易溶于水，与水中其他金属离子如汞、铝、铜等相遇，重金属离子会立即取代钠离子的位置，从而形成新的稳定的化合物，也就大大降低了水体的重金属离子的浓度，减轻了对幼虾的毒害作用。

（2）氧化还原反应。通过氧化还原反应，可以把水中的无机物和溶解有机物，转化为无害物质，或转化为易于从水中分离的气体或固体。生产上最常用空气氧化法有曝气、水质改良机（翻动淤泥或将其吸出暴露在空气中）或干池曝晒，使硫化氢氧化成 SO_4^{2-}，氨氮和 NO^{2-} 氧化为 NO^{3-}，成为无毒物质，水生植物会把它们吸收转化为生物能，同时这种方法还能有效提高水中溶解氧的量。

（3）混凝法。运用自然沉浮可去除大多数水中的悬浮物质，但胶体颗粒却不行。此时可投加无机或有机混凝剂，使胶体凝聚成大颗粒，自然沉淀。常用的混凝剂种类有铝盐：明矾、硫酸铝、三氯化铝；铁盐：三氯化铁、硫酸亚铁、聚丙烯酰胺。

（4）消毒法。常用的消毒剂有漂白粉、漂白精和二氧化氯等，能够杀灭对养殖对象和人体有害的微生物，从而降低有机物的数量、脱氮、脱色和脱臭。如今在水产养殖上，臭氧被越来越多地用于对养殖水体进行消毒。臭氧是 O_2 的三价同素异构体，在水中具有很强的氧化能力。它通过破坏和分解细菌的细胞壁，可以迅速扩散透入细胞内杀死病原体，完成对水中的污染物如氨、硫化氢、氰化物等的降解。所以，它不仅可迅速及时地杀灭水中的病原微生物，而且可以降低氨氮，增加溶氧。但使用臭氧消毒还存在一些局限性，如臭氧发生器的电耗较大，处理成本高，处理后的水不能持续灭菌，易遭二次污染。

3. 生物处理法

（1）微生物净化剂法。要达到净化水质，改良水体环境的目的，还可以利用某些微生物将水体或底质沉淀物中的有机物、氨氮、亚硝态氮分解吸收，转化为有益或无害物质。这种微生物制剂有很多优点，既安全可靠又效率高。目前这一种类众多的微生物，被统称为有益微生物菌群，简称 EM 菌。产品有"海可发"（Aqua-fine）、东江菌、蜡状芽孢抗生素等。配合消毒剂同时使用，使用后 3 天内不换水或减少用水量。

（2）水生植物净化法。植物的光合作用可以从淤泥和水体中消化吸收大量无机养料（如亚硝酸盐、硝酸盐、氨、磷酸盐等），从而达到改善水体理化条件和生物组成、调节水体平衡、净化水质的目的。因此，在池塘中种植一些水生植物，可转化水体中的氮、磷。在池塘中种植的沉水植物有伊乐藻、轮叶黑藻、苲草和金鱼藻等。在河沟、池塘中可种植蕨菜、菱、莲藕、茭白、慈姑和蕹菜等水生蔬菜，也可以选择在水面放养一些浮水植物，如浮萍、水葫芦和水花生等。

四、养殖场的设计

1. 池塘

小龙虾养殖场的池塘应选择无污染、排灌方便、空气流通和环境安静的地方建造。分为苗种繁育池和成虾养殖池两种。

（1）苗种繁育。面积一般为 2~5 亩，池深 1.2~1.5 米，池埂坡比为 1∶（3~4），设有平台，方便排灌、管理，方便亲虾的饲养以及亲虾的性腺成熟,方便检查摄食状况,同时便于小龙虾摄食和打洞穴居。

(2)成虾养殖池。面积通常为 5~10 亩,或更大一些。水深1.2~1.5 米,池中间设平台,池埂坡比为 1:3。这都是为了满足小龙虾成虾养殖阶段生长快,需要较大空间的需要。

(3)养虾池与繁育池之比。目前,土池苗种繁育产量一般在 10万尾/亩左右,因此,养虾池与繁育池之比以(10~8):1 比较合适(图 2-6)。

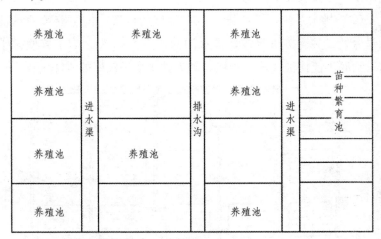

图2-6 养虾池与繁育池之比(10~8):1

(4)堤坝。堤坝是池塘的重要组成部分,包括外围堤、交通堤、排水堤和横隔堤等。由于用途与土质不同,各种堤面宽度和坡度也不同。堤坡是堤坝的垂直高度与堤脚水平距离之比(图 2-7)。除外围堤坝外,其他各堤的地面高度尽量保持在同一水平。

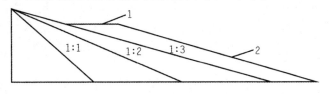

图2-7 堤坡示意图

1.平台 2.斜坡

2. 进、排水系统

（1）进水系统。是由进水渠和进水管道组成的，另外还得配备水泵、节制闸、过滤设备等设施。目前，离心泵、混流泵和潜水泵等是养殖场常用的水泵。水泵可调节水位，水源水位低没法自流进养殖池塘时就需要水泵。野杂鱼等有害生物有时会进入虾池，这时候要在进水口周围扎上铁丝网、筛网等，起到滤水并过滤的作用。进水渠的结构以水泥护坡为主，深 50 厘米，底宽 35 厘米左右。要控制池塘的进水量，还要设置节制闸。

（2）排水系统。一般排水口在很低的位置，位于养殖池塘池底的最低处，并连接排水沟。排水沟沟宽为 5~8 米，为了方便排干池水，沟底不能比池底高。当然，动力抽排也是较好的方法（图 2-8）。

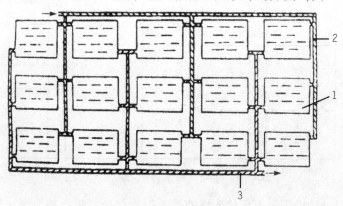

图2-8　虾池进、排水排列示意图

1.全池　2.进水沟　3.排水沟

第三章　小龙虾苗种生产技术

第一节　亲虾的培育

　　亲虾人工繁殖的根本目标是培育数量充足、体格健壮、优质无病的成熟亲虾。要想培育优质的亲虾，从小龙虾苗种生产工艺流程图（图3-1）看，必须采取最适宜促进亲虾生长发育的饲养管理方法，尤其是要促进亲虾的性腺发育。

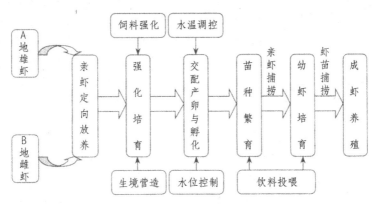

图3-1　苗种生产工艺流程

一、亲虾培育池

根据以往的亲虾养殖经验，对亲虾的培育池必须做到以下几点：

1. 亲虾池的选择

亲虾培育池是亲虾的生活环境，还有些地方把它称为亲虾暂养池，放养抱卵亲虾主要在这里生长，培育池建得好，亲虾的生长发育和成活率就高。

建立亲虾培育池，可以把地点选在池塘、河沟、低洼田等地方。面积控制在 1.5~2 亩左右最好，每条池埂宽 1.5 米以上，水深必须保持在 1.2 米左右。此外，池底最好是沙质底，池底需平整，池底的淤泥不能过多，厚度必须少于 10 厘米。小龙虾营穴居生活，为了方便亲虾挖洞、交配以及产卵，要求池中最好有自然的土堆，池埂坡度 1:3 以上，还必须有充足良好的水源。有时敌害生物会进入虾池，青蛙也会入池产卵，蝌蚪还可能蚕食虾苗，为了防止这些现象的发生，必须建好灌、排水口，进水口要有栅栏和过滤网。亲虾攀附逃逸的现象也时常发生，养殖者可以在四周池埂用塑料薄膜或钙塑板搭建围栏，池中多设置一些小的田间埂也可以起到很好的效果。

2. 亲虾池的清淤除害

在选择好建苗种池的地点后，要对它进行一定的整修，像抽干池水、加固池埂、清除多余淤泥都是必不可少的。对于人工开挖深水区的沟渠，要及时建造浅水区及必要土堆，满足小龙虾穴居的必要条件。

第一，为了促进亲虾的生长发育，亲虾放养前，必须对虾塘进行彻底清理，这样就能消灭病原体，杀死敌害，还能起到消灭亲虾的争食者和残害者，改善水质的作用。

第二，小龙虾最怕见到乌鳢、鲇、黄颡鱼、泥鳅、鳝等肉食性鱼类，这些鱼类会对抱卵虾和幼虾造成侵害，因此亲虾池绝对不能有这些动物存在。

第三，清理虾塘以高效、无毒为原则，常用的方法为撒生石灰或漂白粉，能够把虾塘彻底清理干净。干法清塘和带水清塘使用的生石灰和漂白粉的量不同，前者每亩用生石灰 75～100 千克，或漂白粉 7～10 千克，后者每亩用生石灰 125～150 千克，或漂白粉 10～15 千克。

第四，进水口安装过滤设施十分重要，为了防止敌害生物、野杂鱼苗及鱼卵的进入，进出水的过滤网的网目必须在 60 目以上。

3. 隐蔽场所的设置

小龙虾的地盘性和相互残杀性很突出，为了保证小龙虾有一个合适的生态环境，在虾池的池底设置一定数目的隐蔽物是很重要的，轮胎、瓦脊、切成小段的塑料管、扎好的草堆、树枝、竹筒、杨树根、棕榈皮都可以用来做隐蔽物，也可以把编织袋扎成束来做隐蔽物，只要取材方便，价格便宜，有利于亲虾躲避敌害、攀爬、隐身、栖息和作为虾苗蜕壳附着物的物体都可以作为隐蔽物。另外，往池中移植一定量的水生植物也是很有必要的。池埂上的杂草有固土、保护洞穴的作用，不必除去。水生植物移植时要注意兼顾浮水植物、沉水植物、挺水植物三种，有选择地进行移植。目前移植的主要水生植物有水浮莲、水葫芦、槐叶萍、水花生和黄花水龙等浮水植物；芦苇、野茭白、慈姑、香蒲和藕等挺水植物；马来眼子菜、伊乐藻、金鱼藻、苦草和聚藻等沉水植物。此外，还需注意水生植物的面积不要超过繁育池的 1/2。

二、亲虾选择

第二年要发展养殖，第一年是收集亲虾的关键时期，应引起养殖者的重视，对于小龙虾特殊的繁殖习性，要多多关注。

1. 选择时间

每年的 9～11 月，是小龙虾的产卵高峰期，所以亲虾选购多在 7～9 月进行。但这一时期气温往往在 30℃以上，购入亲虾，放养后的成活率通常低于50%。一年中3~5月、10~11月水温较低，选购亲虾，能提高亲虾的放养成活率，但赶不上小龙虾的产卵高峰期。而在10~11月，亲虾已钻入洞穴越冬，捕捞困难，大量收购亲虾则更不可能。综合各种因素考虑，在7~10月收购并放养亲虾收益最大。但还有一些原则需要遵循，亲虾的脱水时间不能超过半小时，养殖者应选择就近收购和就近放养，放养后以优质的动物性饵料喂养小龙虾，这样夏季放养亲虾的成活率就能够达到80%。

2. 亲虾的来源

用于繁殖的亲虾主要有以下几种来源：

第一，从养殖小龙虾的池塘或天然水域捕捞成虾，选择符合要求的，对其进行专门培育。

第二，捕捉抱卵虾用于虾苗的繁育，当然这得从收集性成熟的雌雄亲虾开始。成熟雌虾的标志很容易辨认：卵巢几乎覆盖了头胸甲的背面，前端快接近或抵达额角的基部，颜色也已从绿色变为棕褐色。将成熟的雌、雄亲虾暂养，培育一段时间，直到它们交配产卵为止。

第三，直接在繁殖季节收集抱卵的雌虾。以卵呈深绿色或橘黄色的为最佳，卵已呈灰褐色并出现眼点的虾就不宜选择了。灰褐色的卵已接近孵出，非常容易从虾体上脱落下来，对于运输和操作很不方便。这种方法有一定的地域局限，只能在靠近湖泊等大水体、虾源丰富的地方采用，并且还要满足以下三个要求：运输距离要短、运输时间不能过长、运输时溶氧的需求必须满足。

第四，在夏末秋初选择体质肥壮、无病无伤、附肢齐全的小龙虾，经冬季人工强化培育越冬，再用于虾苗的繁育。

3. 雌雄比例

根据繁殖方法的不同，雌雄比例也呈现不同的分布：人工繁殖模式的雌雄比例以（1~1.5）∶1最佳；半人工繁殖模式的以（2~3）∶1为好；在自然水域中，以增殖模式进行繁殖的雌雄比例通常为3∶1。

当遇到雌虾来源难以确定且规格偏小的情况时，应检查雌虾的纳精囊，然后根据雌虾的交配率，来确定雄虾的放养比例。如果条件允许，雌、雄虾异地分开选购最合适。

4. 选择标准

（1）雌、雄比例要恰当，以达到交配繁殖所要求的雌雄比。

（2）个体要大。性成熟阶段的小龙虾要比一般生长阶段的小龙虾大，无论雌性还是雄性，体重以 30~45 克最好。

（3）对颜色的要求。性成熟的小龙虾虾壳为红色或褐红色，虾壳较硬而厚。受精卵孵化后蜕壳 11 次以上的虾，体重一般为 25~30克。那些看起来很大，颜色呈青色的虾，还没有达到性成熟，要再蜕壳 1~2 次后才能达到性成熟。但是它们的商品价值很高，作为商品虾出售比较合适。

（4）对健康的严格要求。缺少附肢的亲虾，螯足残缺的亲虾绝对不能选，要保证亲虾的各部分齐全。健康无病、体格健壮的亲虾身体活动能力强，反应灵敏，有人用手抓它时，会竖起身子，舞动双螯保护自己。把它们放在地上，则会迅速爬走。

（5）了解其他情况。这些情况主要包括小龙虾的来源、离开水体的时间、运输方式等。药捕（如溴氰菊酯药捕）的小龙虾是绝对不能作为亲虾的，离水时间过长（高温季节离水时间不要超过 2 小时，一般情况下不要超过 4 小时，严格要求离水时间尽可能短）、运输方式粗糙（过分挤压风吹）的市场虾同样也不能作为亲虾。

5. 亲虾运输

要选择适当的方式运输亲虾，在运输时一定要保持一个潮湿的环境，避免阳光直射，还要尽量缩短运输时间，操作要轻快，减少操作时不必要的损伤，此外注意不要使亲虾受到挤压。

已发育至心跳期的胚胎离水 20 分钟以上就会窒息死亡，因此运输抱卵虾时不可离水。在 9 月或 10 月初，如果气温超过 26℃，离水运输抱卵虾，则会使受精卵的孵化率大幅度降低。直接放养抱卵虾进行育苗时必须注意这些。

9~11 月的产卵高峰期，长江中下游地区的雌虾多数已经交配。选购亲虾时可以只选雌虾，不选雄虾，这样可以降低生产成本。挑选时可以对其性腺和纳精囊进行抽样检查，这样可以较快地看出雌虾是否成熟，精荚是否存在。

三、亲虾的放养

1. 放养时间

每年 7 月下旬至 9 月中旬是小龙虾放养的主要时间，选好亲虾之后就可以放养了。如果没有把握好时间，还可以选择在第二年的 3~4 月补充放养。

2. 放养规格

很多人会选择大个体的虾作为种虾，因为以往其他水产品的养殖经验告诉他们：虾个体越大，繁殖能力越强，繁殖出的小虾的质量也会越好。但在实际生产中，有专家发现结果恰恰相反。

专家认为，人们忽略了一个事实：小龙虾的寿命非常短。市面上售卖的大个体的虾已经快要走到生命的尽头了，投放后不久就面临死亡。它们不仅不能繁育，还会直接造成亲虾数量的减少，因此虾的产量很低也就不难理解了。因此建议人们最好选购规格在 25~35 尾/千克的成虾。此外，还需留意，附肢是否齐全，颜色一定要是红色或褐色。

3. 放养密度

亲虾放养密度有一定规律：根据来年成虾设计产量推算就可以了，一般亩放亲虾 25 千克。

将亲虾和鲢、鳙混养，益处很多。亲虾能为鲢、鳙清扫残渣剩饵，保持池塘清洁。同时，这种方法还能使水体的天然饵料得到充分利用，进一步挖掘池塘潜力。

为了提高亲虾的成活率，可以在放养前用 5% 食盐水浸浴 5 分钟，来杀灭病原体。

四、饲养管理

季节和生理状况会对亲虾产生影响，在亲虾的培育饲养上应根据这两点采取相应的管理措施来创造各种外界条件，满足亲虾生长发育的需求。

亲虾放养后，要对其进行强化培育，每天投喂 2 次优质精饲料，早晚各 1 次。把握好总投喂量，占存塘亲虾总重量的 4%～5%即可。上午投喂少一点，占全天投喂量的 30%左右；傍晚投喂多一些，占全天投喂量的 70%左右。要注意，还需根据天气、摄食情况及时调整。亲虾性腺发育需要补充很多营养，这时需要投喂大量动物性饲料。投喂好了，对亲虾的怀卵量及产卵量、产苗量都有帮助，适当多喂一点新鲜小杂鱼就不错。保持好虾池的水质也很重要，要按时加注换池水，条件好的可以采取微流水的方式，能有效促进亲虾性腺发育。养殖者应当加强日常管理，坚持每天巡塘 2 次，检查水质、防逃设施以及亲虾的摄食、交配、产卵情况，残饵要及时捞除，防逃设施破损的要修补等。

五、越冬管理

进入 10 月下旬，气温开始下降，是小龙虾的越冬阶段。如果是在自然生存条件下，在秋天抱卵孵化出来的仔虾，大多数会选择依附在母体上，在洞内越冬；也有一些离开母体，在洞穴中与亲虾一起越冬的。人工培育出来的亲虾就不一样，产卵、孵化要比自然界中的亲虾早 1～1.5 个月。这部分亲虾大部分进入洞中穴居，伴随着活动的减少和摄食量的下降。有一部分产卵早的亲虾孵化出的幼虾身体不够结实，螯足还不具备打洞的能力，但在 10℃以上的水温中还能继续摄食，正常生长。但帮助它们越冬不是一件容易的事，需要全力营造适合其生存的良好环境，要在防寒、防冻、防干涸方面做好工作。

1. 越冬池塘的选择

虾苗安全越冬，池塘很重要。要选择那些有良好的水源条件、保水深度达 1 米以上、背风向阳、底部淤泥少（最好是没有被淤化）的池子。9 月下旬放虾以前，务必排干越冬池池水，把池底深耕一遍，这对打洞能力差的虾苗有好处。

2. 放养

（1）放养时间。当水温达到 10～15℃时，小龙虾就可以进入越冬池了。这个时间在华东地区为 10 月底至 11 月初；在华北或东北地区，人们利用温棚或温室帮助小龙虾越冬，放养时间也在 10 月底至11 月初，但东北要早于华北。在转池操作时要格外小心，因为这很容易使小龙虾体表受伤，或附肢损断，越冬的成活率也会因此下降。

（2）放养密度。放养密度可根据注水条件的好坏、灵活把握。对于水源充足的越冬池，每亩可放虾 200～300 千克；注水条件较差的池塘，应适当减少放养量；不能注换新水的，通常放养量要减半。

3. 越冬管理

（1）增氧。冬天冰封条件下，池水中的溶氧主要依赖冰层下的藻类光合作用产生。此时池中越冬藻类的数量通常要比夏、秋季节少得多，但也有少数池塘藻类数量非常大。这些藻类的光合作用强度和冰的透明度呈正比，冰的透明度越大，它的产氧量就越高。在此期间，下雪之后要及时消除冰层上较厚的积雪。

当越冬池出现冰封后，一般每隔几天要向越冬池注入少量新水。对于一些没有加注新水条件的越冬池，可采取破冰增氧的方法。一般每亩水面打 1 个宽 1.5 米、长 3 米的冰眼，冰眼应打在水比较深的地方，最好要顺着风向排列，这样可以借助风力，加快空气中氧气向水中溶解的速度。冰眼还有其他作用，养殖者可以通过冰眼对冰下氧气状况进行观测。如果出现大量水涌向冰眼附近，表示该水体可能缺氧；如果有水生昆虫和小杂鱼游向冰眼附近，则表示该水体的溶氧量已低到一定程度，不能维持鱼虾的正常呼吸了，这时要立即采取增氧措施。

（2）投喂。进入越冬池的虾，要按照水温高低进行投饵。通常当天气晴朗、气温升高时，虾会选择在洞口附近活动。所以，当水温在 10℃ 以上时，小龙虾还会进食，此时要坚持投喂精饲料，适当增加含脂肪、蛋白质高的动物性饲料，水温在 10℃ 以下时就不能再喂了。饲料投喂有很多好处，不仅能够提高幼虾的成活率，还能保持亲虾的体能，这样来年春天亲虾就能提前蜕壳生长，还能在 4~5 月再一次产卵。严寒天气要及时破冰，坚持每天巡池，观察亲虾的活动并做好各项记录是亲虾养殖的重要环节。记录下亲虾的死亡情况，包括雌、雄虾个数、大小和重量等，这些都是以后喂养及苗种量的重要参考数据。

（3）池水管理。普通虾苗池越冬管理：虾苗越冬期间，保持水位稳定十分重要。为了减缓水温的起伏，越冬池水深要保持在 1 米以上。水位下降时要及时添加新水，平时还要多注意检查越冬池是否有渗漏现象。虾苗是不能离水太久的，如果池塘处于干枯状态时间过长，就会出现虾苗冻伤、冻死或脱水现象。

可控化繁育池越冬管理：长江中下游地区的小龙虾每年 10 月下旬开始穴居。如果 10 月中旬至 11 月初，气温在 15℃ 左右，就可以将池水基本排干（低凹处存水），迫使小龙虾打洞穴居，这样可以延缓产卵、孵化时间，待来年 3 月气温回升时提高水位，就可以刺激产卵孵化，使其同步繁育苗种，这也是提高苗种繁育成活率的好方法。越冬期间的主要工作包括两方面：一是保持池底低凹处有积水（保持地下水位稳定）；二是防止鼠摄食小龙虾。

4. 繁育池春季管理

翌年春季，大量小龙虾开始离开洞穴出来觅食。水温慢慢回升至 10℃ 左右时，小龙虾的活动加剧。这时要加大投喂量，为小龙虾的快速生长提供足够的营养，投喂的饲料以优质配合饲料为主。其次要加强水质管理，在 3~4 月间及时提高水位。对于可控化繁育池，要一次性加满水，迫使亲虾出洞产卵，完成孵化任务。最后水位提高后还要及时施肥，施加经过发酵的有机肥，有利于幼虾的生长，通常每亩施放 120~400 千克。

测算存塘稚虾数量的方法很简单，通常每尾雌亲虾可以产下 200 尾稚虾。要经常检查稚虾离开母体的情况，一旦发现有部分稚虾离开母体，必须做好产后亲虾的捕捞工作。如果在捕亲虾时发现稚虾及幼虾数量过多（超过计划放养量），可以捕出多余的稚虾和幼虾，单独培养或出售。这样不仅可以创造一定的收入，还可以减轻存塘的压力。否则会对整体稚虾及幼虾的生长，成虾的饲养、管理造成不必要的麻烦。

第二节　亲虾的繁殖

现在许多科技资料向人们推荐全人工繁殖，但小龙虾的繁殖还是以自然繁殖为主。大量调查和试验显示，这种人工繁殖技术暂时还不成熟，建议广大养殖户走自繁自育、自然增殖的路子。

一、亲虾的配组

每年的 8~9 月底，亲虾还未进入洞穴，捕捞放养比较容易，这时进行亲虾的配组十分适宜。选择那些体质健壮、肉质肥满结实、规格一致的虾种和抱卵的亲虾放养。如果是在水体中直接抱卵孵化并培育幼虾，将其养成大虾的话，以亩放亲虾 25 千克为宜，雌雄比例定在（2~3）∶1；如果是大批量培育，则亩放亲虾 100 千克，雌雄比例定为 2∶1。

二、抱卵虾的培育管理

1. 水质要求

确保池水的溶氧量达 5 毫克/升以上，pH 介于 6.5~8.0，促进亲虾性腺发育。

养殖亲虾重要的一点是加强水质管理，主要有三方面的益处：一是可以及时提供新鲜的水源；二是可以提供外源性微生物和矿物质；三是有利于改善水质。在实际操作中，每半月换 1 次新水，每次换水 1/4；还要坚持每 10 天用生石灰 15 克/米² 兑水泼洒 1 次，以保持水质良好。

2. 投喂饲料

在亲虾入池后，坚持每天傍晚投喂 1 次，投喂量占池中虾体总重量的 3%~4%。切碎的螺肉、蚌肉、蚯蚓、碎鱼肉、小虾、畜禽屠宰下脚料等都是投喂饲料较好的选择。此外，为了帮助小龙虾获得生长所需要的各种营养，还要加投一定量的植物性饲料，可以将白菜、嫩草等扎成小捆沉于水底，也可以直接投喂豆饼、麦麸或一些配合饲料。在饲料中添加一些含钙的物质，可以促进虾体蜕壳。最后，第 2 天要把没有吃完的食物捞出。

3. 定期检查亲虾

每尾雌虾的产卵时间不完全相同，所以在养殖亲虾的过程中，要定期检查暂养池的亲虾，把抱卵虾挑出来。实践证明，每 7 天检查一次较为适宜。检查的方法是：排干虾池中的水，把雌体检查一遍，将已抱卵的亲虾移到孵化池，还未抱卵的亲虾留在原池继续饲养。

三、繁殖方式

小龙虾的人工繁殖方式分为三种，分别是：人工增殖、半人工繁殖以及全人工繁殖。

1. 人工增殖

人工增殖的方法比较简易，即在没有养殖过小龙虾的水体中，在不增加任何人工措施的条件下，让小龙虾自然繁殖。在投放前，需要对池塘进行清整、除野、消毒、施肥，再种植一些水生植物，小龙虾进入水体后开始掘穴、繁殖等活动。第二年3月初，小龙虾就会离开洞穴摄食、活动，此时就可以投喂并捕捞大虾。这种繁殖方法适用的水域是比较广泛的，小型湖泊、沼泽地、面积较大的池塘和低湖田、精养池都可以采用人工繁殖。对于草型湖泊，可以不必投草、施肥。

2. 半人工繁殖

半人工繁殖就是人为部分地控制小龙虾的繁殖。放养亲虾前，对繁殖池进行清整、消毒、除野，放养的亲虾还要经过挑选。定时加注新水，以保持水质良好。

为了保证亲虾获得较多的营养物质，可以向池中多投喂一些动物蛋白含量较高的饵料和水葫芦等水草。在促进亲虾交配、产卵方面，可以通过人工控制温度、光照、水质、水位等关键因素。这种繁殖方式一般适用于池塘养殖。

3. 全人工繁殖

全人工繁殖就是小龙虾繁殖的整个过程都通过人为来控制，具有可控性强、操作性强、密度大、产量高、成活率高等优点。但对场地要求很高，一般在室内水泥池中进行。这种水泥池水深0.8米左右，底部一般设置大量的人工巢穴，如小石块、消毒的树根等；还会吊挂少量的植物，如水葫芦、水花生、眼子菜、轮叶黑藻、菹草、金鱼草等；增氧是通过增氧机完成的。

通常每平方米的水体可投放亲虾60尾左右，雌雄比例为（1~2）：1。在这种池塘中诱导小龙虾进行交配、产卵的途径有很多，例如：投喂一些动物蛋白含量较高的饵料、保持水泥池的水质良好、定期加注新水、及时开动增氧机增氧，可对池中的光照、水温、水质、水位条件进行人为调控。

四、孵化与护幼

春季来临时要每天巡池，检查抱卵亲虾的发育与孵化状况，根据卵的颜色的深、浅，把抱卵的亲虾分别投放在不同的池中。如果有大量幼虾孵化出来，可以用地笼把已繁殖过的大虾捕捉出来，操作必须小心谨慎，以防对抱卵亲虾和刚孵出的仔虾造成影响。这时可以通过降低水位来提高水温，通常降低 10~20 厘米就可以了。此外，要加强对虾池的管理，认真从事幼虾的投喂工作和大虾的捕捞工作。为了提高虾苗的成活率，在出苗前一定要投放占孵化池水域面积 1/3 以上的水浮莲，这一点十分重要。

刚孵化出的小龙虾幼体自身的活动能力还比较弱，通常会附在亲虾母体腹部的游泳足上生活，直到完成生长发育的全过程。母体搅动水流带来的浮游生物可供它们摄食。它们也能离开母体进行微弱的、短距离的游泳。2007—2008 年，在安徽省滁州市的多处小龙虾养殖区，相关人员曾于 10 月、11 月、12 月、次年 1 月、2 月等连续多次挖洞，对小龙虾进行取样观察，发现在母体的腹部游泳足上都附有小龙虾幼虾，虽然它们处在不同的发育阶段。其中最大的小龙虾幼体体长达 0.8 厘米左右。因此他们推断：从第一年初秋小龙虾稚虾孵出后，幼体的生长、发育和越冬过程都是附生于母体腹部，幼虾直到第二年春季才离开母体生活。这种繁育后代的方式，对小龙虾后代的成活率贡献很大。

五、及时采苗

估计母体的保护对于稚虾完成生长发育过程十分关键。稚虾在离开母体后开始主动摄食，独立生活。此时一定要适时培养轮虫等小型浮游动物，供刚孵出的仔虾摄食。在出苗前 3~5 天，从饲料专用池捕捞少量小型浮游动物放入虾苗池，并用熟蛋黄、豆浆等及时补充仔、幼虾所需的食料供应。同时，当发现繁殖池中有大量稚虾出现时，应及时采苗，进行虾苗培育。

另一种方法是在幼体脱离母体后把母体全部捞走，再对池中的幼体进行集中饲养。母体中如果还有抱卵的亲虾，可在另外的池中饲养。

采捕小龙虾幼苗的方式主要有两种：一种是网捕；一种是笼捕。

网捕的方法很简单：一是用三角抄网抄捕，把抄网放在草下面，用手抓住草把轻轻地抖动，即可获取幼虾；二是用虾网诱捕，把一块猪骨头或动物内脏放在专用的虾网上，10 分钟后提起，即可捕获幼虾；此外，有一种用特制的密网制成的小地笼，可以进行幼虾捕捉，每隔 4 小时收一次笼。为了提高捕捞效果，还可以在笼内放置猪骨头。

第三节　幼虾的培育

繁育池中亲虾产卵、孵化、抱仔存在着一定的差异，因而造成发育的不同步，个体间的规格也不同，这些都为幼虾的培育带来了一定的困难。为了提高幼虾的成活率，必须对幼虾进行单独培育。一般在幼虾 3 次蜕壳或 4 次蜕壳后，体长达 3 厘米时再放入成虾养殖池中养殖，可有效地提高成活率和养殖产量。

一、虾苗选购

小龙虾养殖成功的关键是做好小龙虾苗种的选购工作，这个过程一定要认真细致。虾苗的好坏，影响虾产量的高低，更关系到养虾者的经济效益。

（1）虾苗要规格整齐。小龙虾十分好斗，规格不统一的虾苗投放后，后期不仅会出现大虾欺小虾现象，而且由于蜕壳不整齐，还会导致相互间的蚕食。因此，要求一次放足规格整齐的虾苗：稚虾规格要求在0.8厘米以上，幼虾个体长为3厘米左右。

（2）虾苗体色正常。正常的虾苗体色呈青灰色，其他颜色的均存在一些问题。较透明的虾苗体壳变红，是因为虾苗捕捞后放置时间过长造成的。这样的苗种投放后不仅成活率低，而且生长十分缓慢；身体漆黑的虾苗，大多是从不洁净的水域中捕捞的，投放喂养后，不仅生长缓慢，发病还很严重。

（3）虾苗活动力强、行动正常。好的虾苗具备很强的活动能力。有些虾苗活动能力不强，是由于采捕后护理不当，苗种受严重的温差危害或重压危害造成的。一旦投放，这种虾苗大部分会在1周内发病死亡。还有一种在水中不断吐泡沫的虾苗，它们大多是因为轻度中毒或患有某种疾病，投放后不久也会大量死亡。

（4）虾苗肢体完整、无伤无病。要选择那些肢体完整的虾苗。虾苗的附肢残缺或身体部分受伤时，虽然有一小部分能自行长出或愈合，但大多数都会染病而死。即使不死，生长也会变得缓慢，长成商品虾时，品质十分低劣。一旦发现身体上有泥白色绒毛的虾苗要引起重视，这种虾苗多是感染了纤毛虫或水霉病，会影响虾苗的成活率。

（5）虾苗身体柔软或刚蜕壳的不能要。饲养不善会导致虾苗严重缺钙，身体柔软。这种虾苗投放后成活率低，容易遭同类健康的、个体较大的虾的蚕食。刚蜕壳身体还未变硬的虾苗经不起折腾，绝大多数也会被同类蚕食或面临死亡。

（6）虾苗中死亡虾较多的不要。死亡的虾占虾苗总量的8%以上的就不能要。这种虾苗存在许多潜在的问题，如运输时间过长、运输时被重压、虾苗受热水或凉水侵害、在阳光下暴晒时间过长或轻度中毒等。

二、幼虾池的选择与前期准备

幼虾池应选择在靠近水源、水量充足、水质好、土质为黏性的地方，还需要有完善的进、排水系统，水深达 1 米以上。养殖者要在池中开挖必要的沟渠，有利于今后幼虾的捕捞。池的形状以面积 1~4 亩的长方形为宜。池埂的坡比要设置得大一些，通常为 1 : (3~3.5)。改造老鱼种池也是一种可行的方法，清除多余的底泥，开挖必要的沟渠，加固池埂便可以了。条件好的话可以利用面积 8~10 米^2 的水泥池进行幼虾的流水培育，可以收到比较好的效果。

虾池要建立必要的防逃设施，无论是新建鱼池还是改建鱼池，要在进、排水口安装严格的过滤防逃装置。在仔虾放养的前 10 天，必须用生石灰化成水进行全池泼洒消毒、清野、灭菌，每亩 100 千克左右即可，同时移植或种植必要的水生植物。

虾苗培育环境的营造：

（1）施肥。放养仔虾前，要在水面施用完全腐熟的家畜、家禽肥类，每亩 500~2000 千克，这样可以培育浮游生物，供仔虾食用。

（2）水草种植和隐蔽物设置。

①水草种植：要在培育池中均匀移植水生植物，以水生出水植物为最好。水慈姑、野荸荠、三棱草和水稻秧苗等是最适宜小龙虾仔虾生长的水生植物。池内移植的水生植物，其密度以能看见池内水面为准，有点像刚插秧的水田，既能看见铺满田间的秧苗，又能看见白亮的水面。如果移植的是生长速度较快的水生植物，在移植时应适当稀疏一些。

②隐蔽物设置：为虾苗提供栖息和隐蔽场所非常重要。在小面积的虾苗培育池，可铺设瓦片、短竹筒等。对于大面积的虾池，则不宜投放供虾苗隐蔽栖身的物品，这样不利于虾苗的后期捕苗。

（3）小龙虾仔虾适宜生长活动的水体深度可自行调节，一般根据天气情况、气温高低和阳光强弱适当降低或提高。通常控制在 30~

60 厘米，雨天要降低水位，高温天气阳光强烈时则要提高水位。

三、虾苗的放养

放养时计数也要尽量准确，为科学管理提供依据。

由于幼虾虾体比较稚嫩、娇弱，运输放养过程中动作一定要轻、要快，并保持虾体潮湿，为避免强阳光直射，通常选择晴天的早晨或阴雨天进行虾苗放养。对于 1 厘米以上的稚虾，一般以每亩放养 10 万~15 万只为宜。如果条件好、饲养管理水平高、技术强的话可以适当多放，一般每亩 20 万只左右。另外，水泥池或具有流水条件的也可适当增加投放量。一个培育池内必须放养规格整齐的稚虾，以防止它们互相残杀，放养时还要注意多点放养、分散放养，不能堆积放养。在每个放养点要做好标志，这样可以为今后的喂养管理及捕捞提供方便。放养时要计数，准确的计数是科学管理的重要依据。

四、饲料的投喂

小龙虾仔虾一旦与母体分离后，就能自行捕食。天然条件下的主食为轮虫、枝角类和桡足类等浮游生物，有时也捕食水体中的水草嫩叶、嫩蕊和嫩芽，以及近水坡边的苔藓等物。

对于刚离开母体的小龙虾仔虾，人工饲养开始时可以投喂磨制的黄豆浆。每天下午 1 次，投喂量为每亩 2~5 千克。在投喂黄豆浆 8~10 天后，可以用粉状优质全价配合饲料代替。每天的投喂量为虾体重量的 4%~8%。也可以用绞肉机或压肉机将鱼、蚌、蚬、螺等动物肉料反复绞糊投喂，每天投喂量为虾体重量的 10%。每天投喂 2 次，早晚各 1 次。早晨的时间为 8：00—9：00，傍晚的时间为 17：00—19：00。可供投喂虾仔的食物种类是多种多样的，新鲜的豆渣、开水浸发的菜饼也是仔虾的优质饲料。也可以在虾苗培育池内放些嫩草、菜叶等青饲料，来增加仔虾营养的全面性。仔虾的具体投喂量还受水的肥度和天气影响，养殖者应当灵活掌握。一般水肥时少喂，水瘦时多喂；天气好选择适当投喂，天气差少喂或暂时停喂。

五、虾苗培育管理

1. 水质调控

（1）肥度控制。在虾苗培育过程中，池水不可过清也不可过浊，池水的透明度一般控制在 30~40 厘米。如果水质过浓，要加注适量新水；如果水质变清，要加施适量的腐熟有机肥。追施腐熟的有机肥每 10~15 天 1 次，一般每亩施 30~100 千克。

（2）pH 调节。在虾苗培育过程中，必须控制好水体的 pH，一般要保证介于 7.0~8.5。如果 pH 低于 7.0，就要适量泼洒生石灰水，以提高 pH 并且改善水质条件。

（3）充气增氧。在育苗过程中，水体溶解氧要求保持在 5 毫克/升以上。当虾池溶氧低于 5 毫克/升时，需要开启增氧泵，没有安装增氧设施的用水泵冲水。增氧的时间也比较固定，一般在凌晨到日出这段时间比较合适。当遇到阴天或闷热天时还要加开。

（4）定期消毒。在虾苗培育期间，一般每隔 15~20 天要对小龙虾进行一次消毒，通常每亩用生石灰 5 千克。具体操作是先将生石灰放入水中，待生石灰化开后趁热将其均匀泼洒至全池。如果没有生石灰，可以使用二氧化氯消毒。二氯化氯产品要按说明书使用，用药量各不相同。

（5）微生态制剂使用。为了有效改善池塘水体环境，确保培育出优质健壮的虾苗，在育苗期间，要定期（一般 10~15 天）使用 EM、芽孢杆菌等微生态制剂。这些微生态制剂的用量要参照产品使用说明，不可自行决定。

（6）防药害。在小龙虾仔虾养殖池中，要严防各种药害。溴氰菊酯、氰戊菊酯、氯氰菊酯等除虫菊和拟除虫菊类农药或渔药坚决不能使用。对于虾池周边对换水时引水的水域，不能忘记监察药害。为了证明水体中没有除虫菊等药物问题，可立刻捞取少量健康虾苗，放入其水体中进行试验。如果虾苗在 12～24 小时之后没有出现中毒现象，则说明水质良好，可以引水。

2. 巡塘

在虾苗培育过程中，要时时关注虾苗活动，坚持每天巡塘。巡塘时检查水质和溶氧等情况，严防水质过肥、水质恶化和缺氧浮头等现象发生。一般在水温偏高的凌晨容易引起缺氧，这时要及时增氧，在下半夜就得开启增氧设备。在无风、闷热或雷阵雨天气，也要加开增氧设备。

3. 防敌害

小龙虾有很多常见的敌害，如水蛇、鼠、青蛙、蟾蜍、鸭、鹅、各种鸟类和鲤等。有报道称，1 只蟾蜍每天可吞食 500 多尾仔虾；1只家鸭每天可吞食 5000 多尾仔虾。因此，在小龙虾培育过程中，一定要重视防敌害。不仅白天要做好虾苗培育池的检查工作，晚上还要经常打灯进行巡查。有些虾苗敌害如青蛙、水蛇、鼠等白天习惯隐藏，晚上出来活动，有可能捕食幼虾。

六、部分虾苗培育池与成虾养殖池的转变

在水域面积较大的小龙虾培育池中，起捕虾苗时彻底捕捞干净是很难做到的。这种情况有办法可以解决，养殖者可以因地制宜地将这种培育池转变为成虾养殖池。具体做法如下：

第一，准确判定转池内虾苗数量。为了让成虾池内的虾苗密度适中，首先应准确判断所转幼虾培育池内虾苗的数量。判断数量的方法很简单：在无风无雨的夜晚，将池水降到 5～10 厘米，利用矿灯照明，观察池内虾苗的数量。通常情况下每平方米虾苗数量为 12～18尾，则说明虾苗密度适中。如果密度过低，应适量再投些虾苗在池中；如果密度过高，则应捕捞出一部分虾苗。

为了在夜间获得准确的观察数据，观察前 1～2 天可不给虾苗投

食，虾仔忍受不了饥饿就会全部夜间出洞活动。最佳的观察时间为20：30。观察时如果水体的透明度很低，可在白天用生石灰消毒，生石灰的用量为每立方米 7~8 克。

第二，在池内重新移植出水水生植物。确定将虾苗培育池转为成虾养殖池后，应在池中重新均匀植一些水慈姑、野荸荠等水生出水植物。栽植密度要稀，与虾苗培育池中的密度大体一致即可。

第三，提高水位。确定将虾苗池转为成虾池时，应及时把水位提高到 40~100 厘米，让虾苗迅速恢复正常的活动和生长水平。

第四，合理施肥。为了促进幼苗的快速生长，使虾苗受饥时不断食，应在池内每亩施用腐熟的农家肥 500~2000 千克，或过磷酸钙 15~20 千克、尿素 8~10 千克。施肥后要按正常的成虾养殖方法进行喂养和管理：种植水草，设置栖息网架以及注水施肥，做好前期的准备工作。

第四章　小龙虾成虾养殖技术

第一节　池塘养殖小龙虾

将已达到一定体长的幼虾继续饲养，长到达到上市规格的商品虾，是小龙虾成虾养殖的最终目的。池塘养殖模式具有池塘小、人力易控制的特点，把握成虾阶段的生长规律和所需要的外界条件，是提高单位面积产量、上市规格及成虾养殖技术的关键。

一、养殖场地的选择

养殖户普遍认为小龙虾在污水沟中都能生存，适应性很强，因此，任何地方都可以养殖小龙虾。其实这种想法是错误的，虽然小龙虾在恶劣的环境中也能生存，但在这种环境下生长的小龙虾基本不会蜕壳生长（或生长极为缓慢），存活时间不长，成活率极低，有的甚至不会或很少交配繁殖。因此，选择龙虾养殖场地时既要考虑龙虾的生活习性，也要考虑到水源、运输、土质、植被、饲料等各方面的情况，综合分析各方面的利弊，这直接关系到养殖的经济效益。养殖户务必做到因地制宜，综合规划，搞好生产配套，力求发挥虾场的综合功能。

1. 位置

选择通风向阳、靠近水源、水质良好、饵料来源丰富、环境安静、交通和供电方便的地方。

根据生产实际情况，供电量往往差异很大。总的原则是：①一定要有动力电源（380 伏）；②保证充分供电量，保证排灌机械、饲料加工机械、增氧机和投饵机等正常运行；③保障供电，不停电或极少停电。

2. 水源和水质

虾塘选址前要掌握当地的水文、气象资料。江河、湖泊、沟渠、水田、湿地和水库等丰富的地表水和地下水都可以作为养龙虾的水源。只要旱季能储水备旱，雨季能防洪抗涝就行。

水源水质应相对稳定在安全范围内，因为小龙虾对水质的要求比较高。尤其是在高温季节，应保证池水有必要的交换量。对于水源，必须保证水量充足、水质清新无污染。要求离养殖场周围 3 千米以内无污染源。养殖场地用水包括食用水和养殖用水，二者都必须达到一定的标准。食用水必须符合我国饮用水的相关标准；养殖用水水质必须符合《渔业水质标准》（GB 11607—1989）和《无公害食品淡水养殖用水水质》（NY 5051—2001）。

3. 土质

在小龙虾虾池选址时一定要对土质进行必要的测试。土质以黏土为宜，沙土质或土质松软的地方不可建造小龙虾养殖场地。小龙虾有掘穴、穴居的习性，在沙土质或土质松软的地方掘的洞穴极易坍塌。一旦坍塌，小龙虾会进行反复修补，这对小龙虾的体力消耗很大，极大影响小龙虾的生长、交配、产卵、孵化、繁殖，甚至影响到小龙虾的越冬成活。虾池选址对土质的化学成分也有一定要求。虾池中不能含有过多的铁。铁离子在水中形成胶体氢氧化铁或氧化铁，呈赤褐色沉淀，附于小龙虾鳃丝上，不利于小龙虾呼吸，特别对虾卵孵化和幼体虾危害较大。另外，利用荒地建造虾池时，要注意土壤中是否存在有毒有害物质。人为或自然造成的过酸性地带，埋置工业垃圾的地区，不适宜建虾池。

4. 地形

地形的选择也有一定的原则：一是尽可能地减少施工难度、施工成本；二是便于养殖管理，节省劳力、投资及运营成本。如把虾池建在低洼平整的地方，工程量可以达到最小，投资达到最省，灌排方便，便于操作管理。

地形在小龙虾选址中作用很大，应充分考虑地形的防风、防旱、防洪作用。利用好地形，还能利用太阳能、风能增加产量。若能建成排灌自流，则能节省养殖中的能耗。

5. 进、排水方便

在进水口和出水口都要设置屏障，前者可防止野杂鱼进入水池，后者可防止小龙虾逃逸。出水口的设计要能控制水位。为了在捕捞时能排尽池水，还需建造水道，充氧和流水可避免小龙虾因缺氧而造成损失。

6. 通信与交通

便利的交通、方便的通信对于建立小龙虾养殖场至关重要。养殖场离不开饲料、物资的运输，产品上市输出，对外联络以及信息交流等事项。

二、池塘的准备

1. 虾池建立的条件

第一，成虾池的选择首先要满足三个条件：路通、电通和水通。其次要有充足的水源，良好的水质，土质坚实，排灌水便利。此外，虾池周围的环境要相对安静。想要提高小龙虾的商品价值，多余的淤泥必须清除，底泥不宜过深。

第二，小龙虾成虾养殖阶段需要较大的空间，此时它们生长最快。一般面积需 6~10 亩，水深 1.5~2 米。

第三，虾池的进、排水系统要完善。池塘要保证不渗漏水，池埂宽度在 1.5 米以上。池埂要有一定的坡度，坡比相对大些最好。

第四，要在池中分别设立浅水区和深水区。浅水区面积要占到 2/3 左右，深水区的水位可达 1.5 米以上。可在池埂内侧留出宽 0.8~1 米的平台，既满足了小龙虾喜欢打洞穴居的习性，同时也可作为投喂饵料的食台。

第五，小龙虾掘洞栖息需要一定的场所，可在每个池中留出2~3个露出水面的土堆或土埂，这些区域要占池面的 2%~5%。

2. 防逃设施的建设

养殖虾塘进水或下大雨的天气，易发生小龙虾逃逸现象。小龙虾的攀爬逃跑能力和逆水性非常强。因此，修建虾塘时一定要安置完善的防逃设施。

石棉瓦、水泥瓦、塑料板、加塑料布的聚氯乙烯网片等都是较好的防逃设施材料。养殖者可以因地制宜，达到取材方便、牢固、防逃效果好的目的就行。

进、出水口应安装防逃设施，为了严防野杂鱼混入，进水时可用 60 目筛网过滤。

3. 水草的培育

水草不仅是小龙虾的饵料，还是小龙虾栖息的场所，同时能起到改善水质的作用。渔民们常说："要想养好虾，先要种好草"，这条谚语告诉我们只有种好水草，才能把虾养好（详见本书第五章）。

三、成虾池的清整

作为小龙虾生活栖息的场所的池塘，其环境好坏直接影响到小龙虾的生长和健康。因此，在放虾之前，要去除淤泥，平整池底，认真进行池塘修整，使池塘具有良好的保水性能。通常，虾塘经过一年的养殖，各种病原体以不同的途径进入池中，加上池里杂草丛生，塘底淤泥沉积过多等因素，也促进了病原体的繁衍。为预防虾病，必须坚持每年清塘消毒。清塘消毒的方法多种多样，目前主要有以下几种：

1. 常规清塘

冬闲时，可将存塘的虾捕完，排干池水，挖去过多的淤泥，将池底日晒1~15天，既可以使池塘土壤表层疏松、改善通气条件，又可以加速土壤中有机物质转化为营养盐类，还能达到消灭病虫害的目的。

2. 药物清塘

生石灰、漂白粉和茶籽饼等是常用的清塘药物。其中，生石灰、漂白粉效果较佳。消毒一般安排在亲虾或虾苗放养前10天左右。清塘消毒的主要目的是将池中的野杂鱼及有害病原体彻底清除。目前，清塘消毒的主要方法为：

（1）生石灰清塘。生石灰具有来源广泛，使用方法简单的特点。虾池整修后，晴天就可进行清塘消毒，一般10厘米水深用生石灰50~75千克/亩。需要注意的是生石灰需现用现化，趁热泼洒全池。使用生石灰消毒有两大好处，一是提高水体pH，二是增加水体中钙的含量，可促进亲虾生长蜕皮。7~10天后，生石灰药效基本消失，此时即可放养亲虾（图4-1）。

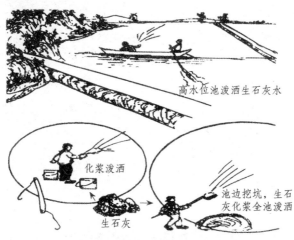

高水位池泼洒生石灰水

化浆泼洒

生石灰

池边挖坑，生石灰化浆全池泼洒

图4-1　清塘消毒

（2）漂白粉、漂白精清塘。使用漂白粉清塘的有效成分为次氯酸和氢氧化钙，其中次氯酸有强烈杀菌作用。一般清塘用药量为：漂白粉20毫克/升，漂白精10毫克/升。使用时用水稀释，泼洒全池，还要注意施药时应从上风向向下风向泼洒，以防药物伤及眼和皮肤。药效会残留5~7天，过后即可放养亲虾。使用漂白粉应注意以下事项：

①把漂白粉直接放在空气中，容易使其挥发和潮解，使用前应将其存放在干燥处。把漂白粉放在陶瓷器或木制器内密封，可以很好地保存漂白粉，避免失效。

②泼洒漂白粉溶液千万不能采用金属制器，金属制器会腐蚀漂白粉而导致其药效降低。

③使用漂白粉的操作人员一定要佩戴口罩和橡胶手套，同时切记不能在下风处泼洒，以防中毒。同时要防止衣服沾染药剂而被腐蚀。

（3）茶籽饼清塘。在我国南方各地，渔民普遍使用茶籽饼来清塘。茶籽饼对鱼类有杀灭作用，但对甲壳类动物无损伤。具体用法为：将茶籽饼敲碎，用水浸泡，水温25℃时浸泡24小时，使用时加水稀释全池泼洒，用量为35~45千克/亩（1米水深）。清塘后7~10天即可放亲虾。

除以上四种方法外，现在一些渔药生产厂家也生产了一些高效清塘药物。

对于养殖单位和个人，要慎重选用有效安全的清塘方法。不论是哪种清塘方法都要选择在天气晴朗时进行，这样不仅药效快，杀菌力强，而且毒力消失快，较为安全。

四、微孔增氧设置

近年来发展起来的一项新技术是微孔增氧技术，在水产养殖中有广泛的应用。它能提高1~3倍氧利用率，增氧效果很好，还具有防堵性强,水中噪声低,气泡小,气体运行阻力弱,水反渗入管器内少等优点,并且能够节约能源,节省成本。在虾蟹养殖方面,对提高养殖产量和虾蟹规格起到了十分重要的作用。

1. 风机的选择与安装

风机选择罗茨鼓风机或空压机的比较多。两者中空压机功率偏大一些。风机功率一般为每亩 0.15~0.2 千瓦,实际安装时风机功率大小要依据水面面积来确定。如 15~20 亩的水面可选 3~3.5 千瓦 1 台;30~37 亩的水面可选 5.5~6.0 千瓦 1 台。风机一般安装在主管道中间,为方便连接主管道,使风机产生的热量和风压有所降低,在风机出气口处,安装一个有 2~3 个接头的旧油桶即可(不能漏气)。

2. 微孔管安装

每个虾池一般都形成一个风机—主管—支管(软)—微孔曝气管三级管网。风机连接主管,主管将气流传送到每个池塘。微孔增氧管要布置在离池底 10~15 厘米处的深水区,布设要呈水平或终端稍高于进气端,固定并连接到输气的塑料软支管上,支管再连接主管。在鼓风机开机后,空气就是从主管、支管、微孔增氧管扩散到养殖水体中的。主管的内直径为 5~6 厘米,微孔增氧管的外直径为 14~17 毫米、内直径为 10~12 毫米的微孔管,管长一般不超过 60 米。

3. 注意事项

安装微孔增氧设备一般选择在秋冬季节池塘干塘后进行。微孔管器的安装有一定要求:不能露在水面上,不能靠近底泥,不能满足这些条件的要及时调整。所有主管、支管,其管壁厚度都要满足能打孔固定接头的要求,微孔增氧管在使用过程中一般 3 个月不会堵塞,如遇到藻类附着造成堵塞,捞起增氧管晒 1 天,轻轻拍打抖落附着物即可。另一种方法是用 20% 的洗衣粉浸泡 1 个小时后清洗干净,晾干以后接着使用。据此,微孔增氧管固定物不能太重,要十分方便打捞才行。

五、注水施基肥

虾苗放养前，要认真检查过滤设施是否牢固、有无破损。在虾苗入池前5~7天，池塘进水的水深为50~60厘米，要求水质干净，溶氧量达3毫克/升以上。pH7~8，不存在污染，尤其不能含有溴氰菊酯类物质，小龙虾对溴氰菊酯类物质特别敏感，即使很低的浓度也会造成小龙虾死亡。

虾池进水后，要施加一定量的基肥，培养天然饵料生物及水质，这样可以使虾苗一入池就能摄食到适口的优质天然饵料，对于提高虾苗成活率帮助很大。有机肥的用量通常为每亩75~100千克，可全池撒投。

六、苗种放养技术

投放虾苗的数量，要根据不同的小龙虾养殖方式来灵活决定。春季和秋季，小龙虾都有明显的产卵现象。不同时期繁育的虾苗，在饲养管理、饲养时间的长短、出售上市的时间、商品虾的个体规格和单位面积产量等方面也存在着相应的不同。

1. 主养池塘的苗种放养

养殖者一般在春季投苗种，如果在3月下旬至5月上旬放养，在6~10月就能捕捞上市。捕捞时通常捕大留小，捕捞时间可持续4~5个月。根据捕捞情况，如果第一次苗种放得早，在6~7月可以再放养一次。

2. 幼虾苗的质量要求

同一池塘放养的幼虾苗种规格要整齐，一般要求在3厘米以上最好，并且要一次放足。同时要求幼虾体质健壮、附肢齐全、无病无伤、生命力强。

3. 幼虾苗的运输

运输工具、运输时间的选择，要根据季节、天气和距离来决定。短途运输一般为干法运输，可采用蟹苗箱或食品运输箱进行。具体方法为在蟹苗箱或食品运输箱中放置水草来保持运输环境的湿度。一般每个蟹苗箱可装亲虾 2.5~5.0 千克；食品运输箱每箱运输得相对多一些，同一箱中可放 2~3 层，每箱能装运 10~15 千克。

4. 放养方法

放养虾苗时要避免水温相差过大（不要超过 3℃），一般选择在晴天早晨或傍晚。虾苗经过长途运输后到达池边要立即让其充分吸水，以使它们排出头胸甲两侧内的空气，然后多点散开，放养下池（图 4-2）。

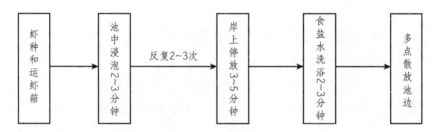

图4-2 放养流程

5. 放养密度

虾苗的放养密度由四个因素决定，分别是：池塘条件、饵料供应、管理水平和产量指标。决定放养量要考虑计划产量、成活率、成虾个体大小和平均重量等问题。一般放养量采用下面的公式来计算：

放养量（尾/亩）＝养殖面积（亩）×计划产量（千克/亩）×预计养成 1 千克虾的尾数÷预计成活率

一般成活率按 50%，商品虾每千克按 30 尾计算。

经验显示：主养小龙虾塘口一般第一次放养 1.5 万~2.0 万尾/亩；混养池塘放养量为 0.8 万~1.0 万尾/亩。

七、池塘养殖模式

1. 池塘主养模式

开春后的 3 月下旬至 5 月上旬是虾苗投放的主要时节，一般每亩投放 2~4 厘米的幼虾 1.5 万~2 万尾。小龙虾适宜养殖水温在 20~28℃，开始时水温较低，把水深控制在 60 厘米左右，使水温尽快回升；气温较高时加深水位到 1 米以上，通过调节水位来控制水温，使水温保持在 20~30℃。夏季经常出现高温天气，有条件的话可以在池塘边搭棚遮阴，为幼虾降温。在养殖前期，每半个月加水 1 次，中、后期应加大加水力度，每周加注新水。同时注意保持良好的水质和水色。6 月开始就可以捕捞。捕捞一段时间后，要补放苗种。进行二茬放种时可适当增放一些大规格苗种。

2. 池塘鱼虾混养模式

小龙虾活动能力弱，此时还不具备正常的捕食能力，鱼种对小龙虾的生活和生长不会造成过大影响，因此对鱼的种类没有限制。

池塘鱼虾混养，鱼种的养殖模式不需要发生变化。在鱼种养殖池塘中放养一定量的小龙虾，放养量为每亩 0.8 万~1.0 万尾。采用这种养殖模式，小龙虾产量通常能达到 50 千克/亩左右。

3. 蟹池套养模式

虾蟹套养，以蟹为主进行养殖的模式，经济效益较好。蟹塘一般水深 40~50 厘米，池塘中间要留土埂以供虾打洞穴居。四周要开挖 80~100 厘米深的环沟，每天换少量水。池底要栽种伊乐藻。5 月底水草会长至水面，这时要割除水草至水面下 30 厘米，否则水草会腐烂影响水质。虾苗养至 7 月中旬起就可捕捞，规格为 30~40 克/只，同时每亩放养河蟹 500~600 只。9 月上中旬放养规格为 30~40 克/只的种虾，种虾放养量 40 千克/亩，雌、雄比为 2∶1，第二年由留塘种虾自繁虾苗，可以不再另放种虾。投喂虾苗的饲料为颗粒饲料和玉米，傍晚遍撒一次。为促使虾蟹正常蜕壳，饲料中要加入蜕壳素，一般1千克/吨。

八、投饲管理

小龙虾的摄食范围非常广，可食植物的嫩叶、植物碎片、腐殖质碎屑、底栖藻类、丝状藻类、水生昆虫、陆生昆虫的幼体、环节动物、小杂鱼和贝类等，属杂食动物。尤其喜欢食螺蚌肉、蝇蛆、蚕蛹和小杂鱼等。

饲养小龙虾时要保证饲料的质量，因为它直接关系到小龙虾的体质的健康以及对流行性和暴发性疾病的抵抗能力。必须使用优质的饲料和合理的投喂方法（详见本书第六章），才能在养殖小龙虾方面获得长足的发展并取得较好的效益。

九、养成管理

1. 水质管理

养殖池塘的水体不可能长期保持清洁，经过一段时间的投饲、施肥后，会出现水质变浓、透明度降低、水体偏酸性等现象。在长时间处于低氧、水质过肥或恶化的环境中，小龙虾的蜕壳速率会受到影响。

不良的水质会导致小龙虾摄食下降，甚至出现停止摄食现象，最终影响其生长。寄生虫、细菌等有害生物会在不良的水质中大量繁殖，从而导致疾病的发生和蔓延。当水质严重不良时，会造成小龙虾死亡，使养虾终告失败。

为小龙虾的成长营造一个良好的水质环境十分重要。养殖者应该按照季节变化及水温、水质状况及时做出调整，适时对虾池进行加水、换水和施追肥，使池水达到"肥、活、嫩、爽"，经常保持充足的氧气和丰富的浮游生物。

（1）水位控制。掌握"春浅、夏满"的原则，可以控制小龙虾的养殖水位。春季水位一般保持在 0.6~1.0 米，水草的生长和幼虾的蜕壳生长适合在浅水中进行；夏季水深控制在 1.0~1.5 米，有利于小龙虾度过高温季节。

（2）溶氧。小龙虾的生长受水中溶氧量的影响非常大。溶氧充足，水质清新，能促进虾的生长并发挥饲料的作用。溶氧量太低小龙虾的生理会产生不适，摄食量和消化率降低，被迫加强呼吸作用。虾苗消耗能量太多，生长就会减缓，饲料转换率同时降低。遇见恶劣天气或者水质严重变坏时，应及时更换新水和充氧。

防止小龙虾缺氧，可以采用的有效方法是：增加增氧设备和定期注换新水。一般养虾池水的溶氧量保持在 3 毫克/升以上，对小龙虾的生长发育比较合适。换水要根据具体情况决定，一般原则是：大量蜕壳期不换水；雨后不换水；水质较差时勤换水。一般每 7 天换 1 次水；高温季节每 2~3 天换 1 次水。每次换水量为池水的 20%~30%。有条件的，可以定期向水体中泼洒生物制剂调节水体，如光合细菌、硝化细菌等。

（3）微孔增氧机的使用、维护与保养。开机增氧的时间和时段要根据水体溶氧变化的规律来决定。一般 4~5 月的阴雨天，半夜开机；6~10 月，下午开机 2~3 小时，日出之前 1 小时再开机 2~3 小时。

在高温季节，微孔管增氧设施每天开启时间应保持在 6 小时；连续阴雨或低压天气一般夜间开机，持续到第 2 天中午为止。有条件的话可以进行溶氧检测后再适时开机增氧，保证水体溶氧在 6~8 毫克/升就好。

要做好微孔增氧机的维护与保养工作。如果发现微孔管破裂，要及时更换；发现接口松动，要及时固定；藻类附着堵塞微孔，晒一天后轻拍抖落附着物，或采用洗衣粉浸泡数小时后清洗干净再用；要保证电源箱不漏电；罗茨鼓风机也要定期润滑保养；梅雨季节要防锈；高温季节可搭凉棚来防曝晒。生产周期结束，完成拆卸，要及时置仓库保管。

（4）调节 pH。每半个月要向池中泼洒 1 次生石灰水，1 米水深时，每亩泼洒 10 千克，使池中 pH 保持在 7.5~8.5。生石灰能增加水体钙离子的浓度，同时促进小龙虾的蜕壳生长。

生产中如果发现水质败坏，小龙虾上岸、攀爬和死亡等现象，应尽快采取措施来改善水环境。

可以按照下面方法操作：先换掉部分老水，再用氯制剂泼洒消毒。隔天可泼洒一些沸石粉或益水宝溶液，再定期（每隔 5 天左右）泼洒微生态制剂。

2. 日常管理

（1）保持一定的水草。水草在改善和稳定水质方面发挥着积极作用。漂浮植物水葫芦、水浮莲和水花生等，平时可作为小龙虾的栖息场所，但最好拦在岸边或定点于池中。夏季高温时节，成片的水草可起到遮阴降温的作用，软壳虾躲在草丛中可免遭伤害。

池中的水草不宜过多，过多时还要打捞出多余水草，否则水质会变坏。这样也有利于池中长出新鲜水草，让小龙虾摄食。

（2）早晚坚持巡塘。工作人员应早晚巡塘，根据小龙虾的摄食情况，及时调整投饲量，清除残饵，以免引发疾病。观察水质的变化并测定，做好详细记录，一旦发现问题要及时采取措施。

①水温。每天分两个时间段测量水温。早晨 4：00—5：00，下午 14：00—15：00 各 1 次。测水温时使用表面水温表，要定点、定深度，一般测定水温选择在虾池平均水深 30 厘米处。在池中还要设置最高、最低温度计，可以记录某一段时间内池中的最高和最低温度。

②透明度。池水的透明度可反映水中悬浮物，如浮游生物、有机

碎屑、淤泥和其他物质的多少。这是虾类养殖期间重点控制的因素，与小龙虾的生长、成活率、饵料生物的繁殖及高等水生植物的生长有直接的关系。测量透明度较为简单的方法是使用沙氏盘（透明度板），透明度每天下午测定 1 次。一般养虾塘的透明度保持在 30~40 厘米为宜。透明度过小则说明池水混浊度较高，水太肥，此时需要注换新水；透明度过大，表明水太瘦，需要追施肥料。

③溶解氧。池中水的溶解氧含量应保持在 3 毫克/升以上，养殖户应定期测定溶解氧，以掌握虾池中溶氧变化的动态。可使用的方法有比色法或测溶氧仪测定法。

④不定期测定 pH、氨氮、亚硝酸盐、硫化氢等。养虾池要求 pH 控制在 7.0~8.5，氨氮在 0.6 毫克/升以下，亚硝酸盐在 0.01 毫克/升以下。

⑤生长情况的测定。每 10 天或 1 周，在池中分多处采样测量虾体体长，每次测量不少于 30 尾。测量在早晨或傍晚最好，尽量避开中午，因为中午为高温期。同时，观察虾胃的饱满度，以便调节饲料的投喂量。

（3）定期检查、维修防逃设施。遇到大风、暴雨天气要尤为注意，此时易发生小龙虾逃逸现象。

（4）严防敌害生物危害。一只鼠一夜可以吃掉小龙虾上百尾，鱼、鸟和水蛇对小龙虾的生存也有威胁。有的养虾池鼠害严重，人力驱赶、工具捕捉和药物毒杀等方法是彻底消灭鼠，驱赶鱼、鸟和水蛇的有效方法。

（5）防治病害。池塘中密度较高、水质恶化等因素会导致小龙虾生病。平时要注意观察小龙虾的活动，发现如不摄食、不活动、附肢腐烂和体表有污物等异常现象，可能是由于小龙虾患了某种疾病，要迅速诊断并施药治疗，减少小龙虾的死亡。

（6）塘口记录。必须在每个养殖塘口建立记录档案。记录由专人负责，要详细记录，才能总结经验。

第二节 池塘混养小龙虾

　　混养可以合理利用饲料和水体，发挥养殖鱼、虾类之间的互利作用，降低养殖成本，提高养殖产量。目前，池塘混养是提高池塘水生经济动物产量的重要措施之一，也是我国池塘养殖的特色。

　　小龙虾可与其他鱼类混养，在家鱼亲鱼池、成鱼池中养殖都是可行的。一般不需专门投饵，可利用池塘野杂鱼、残饵为食，套养池面积也不限。

一、混养池塘环境要求

　　主养鱼类决定着池塘大小、位置、面积等问题。池塘必须满足池底硬土质、无淤泥、池壁坡度大于 3 : 1 等条件。

　　混养小龙虾既能以地表水也可用地下水作为水源。如果是无污染的江、河、湖、库等大水体地表水作为水源，池中的浮游动物、底栖动物、小鱼、小虾等天然饲料就会非常丰富。使用地下水的优点是：有固定的独立水源；没有病原体和野杂鱼；没有污染；全年温度相对稳定。

　　pH 介于 6.5~8.5。溶解氧在 5 毫克/升以上，池塘中要配备增氧机或其他增氧设备，必要时可以用上。同时要做好池塘的防逃设施。

　　池塘要有良好的排灌系统，池的一端上部进水，另一端底部排水，进排水口都要安置防敌害、防逃网罩。

　　沉水植物区应占池塘底部面积的约 1/5。还要安置足够的如废轮胎、网片、PVC 管、废瓦缸、竹排等人工隐蔽物。

二、小龙虾混养类型

鱼虾混养或多品种混养、轮作，可以提高池塘的利用率，提高经济效益。小龙虾为底栖爬行动物，池塘单养小龙虾，大部分水体没有得到充分利用并影响了经济效益。混养时选择主养滤食性、草食性鱼类最好，因为它们与小龙虾的食性、生活习性等几乎不存在矛盾，混养小龙虾不会减少它们的放养量。小龙虾混养类型一般有以下几种：

1. 以小龙虾为主，混养其他鱼类的混养方式

在自然条件下，小龙虾以小鱼、小虾、水生昆虫、植物碎屑为食。饲养小龙虾的池塘，水体的上层空间和水体中的浮游生物（尤其是浮游植物）都未被充分利用，如果适当套养一些鲢、鳙等鱼类，它们可以滤食水体中上层浮游生物，这样就达到了控制水体浮游生物的过量繁殖，调节池塘水质，改善小龙虾生长环境等多个目的，还可作为塘内缺氧的指示鱼类。但混养肉食性和吃食性鱼类则是危险的，因为它们会影响小龙虾的生长。

我国南方由于适温期长，多采取混养方式。一般每亩放养规格为2~3厘米的虾种5000尾，再混养花白鲢鱼种150~200尾（规格为20尾/千克），采用的方法为密养、捕大留小和不断稀疏等。另一种放养模式——将小龙虾亲虾直接放养也是可行的。每亩投放抱孵亲虾20~25千克，每千克为30~40尾，让其自然繁殖获取虾种。其他鱼种为鲢250尾（规格为250克），鳙30~40尾（规格为250克），草鱼50尾（规格为500克）。鲤、鲫和罗非鱼会先行吃掉投喂的饲料，因此在混养的鱼类中，尽量不要选择鲤、鲫和罗非鱼（非洲鲫），否则会影响小龙虾的摄食和生长，从而降低产量。放养鱼种时，要用3%~5%的食盐水浸泡5~10分钟，并且要先放小龙虾苗种，为了方便小龙虾的生长，10~15天后再放其他鱼种。

2. 以其他鱼类为主，混养小龙虾的养殖方式

在常规成鱼与小龙虾混养时，可以将小龙虾一次放养，也可以多

次轮捕轮放，捕大留小。采用这种混养方式的小龙虾产量也不低。根据不同主养鱼的生活习性和摄食特点，又分为以下几种：

（1）主养滤食性鱼类。在主养滤食性鱼类的池塘中，混养小龙虾要在不降低主养鱼放养量的前提下进行。放养密度随着各地养殖方法的不同而不同。高产鱼池每亩能产750千克鱼，每亩可以混养3厘米的虾种2000尾或抱卵虾5千克。在鱼鸭混养的塘中，绝对不能混养小龙虾。

（2）主养草食性鱼类。草食性鱼类所排出的粪便能够起到肥水的作用，鲢、鳙以肥水中的浮游生物为饲料。正如俗话"一草养三鲢"所说，主养草食性鱼类的池塘，一般会搭配有鲢、鳙。搭配有鲢、鳙的池塘再混养小龙虾时，方法同（1）。

（3）主养杂食性鱼类。一般情况下在食性和生态位上，杂食性鱼类和小龙虾是互相矛盾的。据此，主养杂食性鱼类的池塘，不能套养小龙虾或只套养数量极少的小龙虾。

（4）主养肉食性鱼类。主养凶猛肉食性鱼类的成鱼池塘，混养小龙虾的量可以适当增加。凶猛肉食性鱼类的池塘，水质状况良好，溶氧丰富；在饲养的中后期，主养的鱼类鱼体已经较大，因而很少再去利用池塘中的天然饲料；此外投喂主养鱼的剩余饲料也可以很好地被小龙虾摄食利用。经过多年的试验得知，凶猛肉食性鱼类在投喂充足的情况下，几乎不会主动摄食河蟹和小龙虾，但具体原因还有待研究。在这种鱼塘中，每亩可放养规格为3厘米左右的小龙虾3000尾或抱卵虾8~10千克。在主养鱼类下池1~2周之后，小龙虾就可以下池了。这时，主养鱼对人工配合的颗粒饲料产生了一定的依赖性。

三、"四大家鱼"亲鱼塘混养小龙虾

此种模式主要适用于以"四大家鱼"人工繁殖为主且规模较大的养殖场。这样的亲鱼塘一般面积大、池水深、水质较好且放养密度相对较低。在充分利用水体和不影响亲鱼生长的前提下，在这种养殖场适当混养小龙虾，既可消灭池中的小杂鱼，又能增加一定的经济收入。

1. 池塘条件

成鱼养殖池塘要选择那些水源充足、水质良好、水深 1.5 米以上的池塘。

2. 放养时间

约 5 月中旬，"四大家鱼"人工繁殖后，即可进行小龙虾的放养。

3. 放养模式及数量

如果每亩放养虾种 3000 尾，每亩可生产商品虾 30 千克左右；如果是以鲢或鳙为主的亲鱼池，每亩放养数量还可适当增加。以亲鱼为主的池塘，可在 6 月底至 7 月初投放草鱼、夏花鱼鱼种，每亩1000尾。

4. 饲料投喂

投喂饲料的量一般根据放养量和池塘自身的资源来确定。对于不需投饵，混养的小龙虾，是以池塘中的野杂鱼和其他主养鱼吃剩的饲料为食，发现鱼塘中的确存在饵料不足的情况方可适当投喂。

5. 日常管理

（1）坚持每天早晚各巡塘一次。早上观察是否存在鱼浮头现象，如果它们浮头太久，应选择适时加注新水或开动增氧机；下午检查鱼的吃食情况，以便确定次日的投饵量。此外，酷热季节、天气突变等情况，应加强夜间巡塘，防止发生意外。

（2）适时注水，改善水质。池塘一般在 15~20 天加注一次新水。碰到天气干旱的时节，必须增加注水次数。有的鱼塘载体量高，必须配备增氧机并科学使用增氧机。

（3）定期检查鱼的生长情况。如果发现生长缓慢的鱼，就必须加强投喂。

（4）做好病害防治工作。虾下塘前要做好消毒工作，可用 3%的食盐水浸浴 10 分钟，或用防水霉菌的药物浸浴。5 月、7 月、9 月要用杀虫药全池泼洒一次，防止纤毛虫等寄生虫侵害。

四、鱼种池混养小龙虾

小龙虾与鱼种混养的模式主要适用于鱼种池养殖 2 龄大规格鱼种。在培育鱼苗、鱼种的基础上，增投适当数量的小龙虾幼虾，每亩可产小龙虾 60 千克左右，同时产大规格鱼种 500 千克左右，效果良好。这种鱼种池面积不大、池水较深、水质较好，可以充分利用有效水体并且不影响鱼种生长。适当混养小龙虾能达到消灭池中小杂鱼且增加经济收入的双重目的。

1. 池塘条件

池塘要满足水源充足、水质良好、水深 1.5~2.0 米等条件。

2. 放养时间

小龙虾的放养和鱼苗的放养是先后进行的，一般前者在 3 月左右，后者则在 5 月下旬至 6 月中旬最恰当。

3. 放养模式及数量

每亩可投放水花鱼 20000 尾，或投放夏花鱼种 10000 尾，放养 3 厘米的幼虾 6000 尾。

4. 饲料投喂

对虾的投喂主要按培育鱼苗、鱼种的方法，只在每天傍晚一次，日投喂量可以按照池塘存虾总量的 3%~5%增减。

5. 日常管理

（1）坚持每天早晚各巡塘一次。当遇到酷热季节，天气突变等情况，应加强夜间巡塘，防止发生意外。

（2）适时注水，改善水质。一般 15~20 天就需加注一次新水。天气干旱时应增加注水次数。

（3）要定期对鱼和虾的生长情况进行检查，如发现生长缓慢，必须加强投喂。

（4）做好病害防治工作。下塘前要对虾用3%的食盐水浸浴10分钟，或用防水霉菌的药物浸浴。5月、7月、9月用杀虫药全池泼洒一次，防止纤毛虫等寄生虫侵害虾苗。

（5）及时捕捞。小龙虾的捕捞方法有地笼捕虾和拉网捕虾等。7月底至8月中旬虾的捕捞基本完成。在此之后，鱼苗、鱼种则继续在池塘内喂养。

五、"四大家鱼"成鱼养殖池混养小龙虾

在喂养小龙虾的同时，投放适当数量的大规格鱼种混养成鱼，可以达到每亩产小龙虾100千克以上，产商品成鱼350千克以上的较高产量。这是一种比较经济合理的养殖方式，主要适合一般的常规成鱼，要根据各种鱼类的食性和栖息习性不同进行搭配才行。在成鱼塘中，小龙虾的鲜活饵料——小杂鱼类较多，混养小龙虾有利于逐步清除小杂鱼，减少池中溶解氧的消耗，减轻争食现象，同时可增加单位产量。

目前在各地都有采用这种混养模式的养殖者，尤其是那些中小型养殖户。它的优点是管理方便，不会对其他鱼类生长造成影响。这种养殖模式要注意两点：一是鱼种的数量不要太多；二是一定要配备增氧机。

1. 池塘条件

要选择在水源充足、水质良好、水深1.5米以上的鱼塘进行成鱼养殖。

2. 放养时间

虾种放养一般选择在秋季，8~9月放养较好。鱼种可选择团头鲂、鳙、鲢等，它们的投放时间可安排在冬季、春季。为防止水霉菌感染，放养时应用一些药物杀菌消毒，食盐或抗水霉菌药物就是很好的消毒剂。

3. 放养模式及数量

对于虾种，规格在2厘米以上的，一般要求每亩3000尾。对于

鱼种，50~100 克的团头鲂鱼种，每亩投放 300 尾；50~100 克的鳙鱼种，每亩投放 80 尾；50~100 克的鲢，每亩投放 200 尾。

4. 饲料投喂

每日一般投喂小龙虾 1~2 次，如果条件允许可在午夜再投喂 1次。小龙虾的日投喂量可以按照池塘存虾总量的 3%~5%增减。在那些本身资源条件比较好，天然饵料充足的池塘，小龙虾以池塘中的野杂鱼和其他主养鱼吃剩的饲料为食，一般不需投饵。但是发现鱼塘中饵料确实不足，可适当投喂。对鱼的投喂要定点、定时、定质、定量，每日投喂 2~3 次。

5. 日常管理

（1）坚持每天早晚巡塘各 1 次。早上观察是否存在鱼浮头现象，如浮头过久，应该适时加注新水或开动增氧机；下午检查鱼的吃食情况，以确定次日的投饵量。遇到酷热季节、天气突变，应加强夜间巡塘，防止意外发生。

（2）适时注水，改善水质。一般每 15~20 天，加注一次新水。天气干旱时还要增加注水次数。如果鱼塘载体量高，必须配备增氧机并学会科学使用增氧机。

（3）定期检查鱼的生长情况，如发现生长缓慢，则需加强投喂。

六、小龙虾与河蟹混养

小龙虾与河蟹都具有自残和互残的习性，它们在一起会发生争食、争氧、争水草等现象。在传统养殖中，小龙虾是作为蟹池的敌害生物存的，一般认为在蟹池中套养小龙虾是有一定风险的，因为蜕壳的软壳蟹会被小龙虾蚕食。但是从地区养殖的实践来看，养蟹池塘套养小龙虾并非不可行，它并不影响河蟹的成活率和生长发育。

1. 池塘选择

池塘选择以养殖河蟹的条件为参考，必须满足水源充足、水质条件好、无渗漏、进排水方便、池底平坦、底质是砂石或硬质土底等条件。蟹池的进水、排水总渠应分开，进、排水口应用双层密网防逃。同时也能有效地防止蛙卵、野杂鱼卵及幼体进入池塘对蜕壳虾蟹造成危害。可以开设一个溢水口，用双层密网过滤，不仅可以防止夏天雨水冲毁堤埂，还能防止幼虾、幼蟹乘机顶水逃走。

面积在 10 亩以下的河蟹池，应把平底型改成环沟型或井字沟型。需在池塘中间多做几条塘中埂，埂与埂之间的位置交错。埂宽 30 厘米，略微露出水面即可。面积在 10 亩以上的河蟹池，应把平底型改成交错沟型。池塘的改造工作可结合年底清塘清淤一起进行。

2. 防逃设施

养殖小龙虾与河蟹，都不可避免地要安置一些防逃设施。常用的防逃设施有两种：一是安插高 45 厘米的硬质钙塑板作为防逃板，注意防逃板的四角应做成弧形，否则小龙虾会沿着夹角攀爬外逃；另一种是采用网片和硬质塑料薄膜共同防逃，这种防逃设施既可以防止小龙虾逃逸，又可以防止敌害生物侵入伤害幼虾。

3. 隐蔽设施

池塘中要设置竹筒、瓦片、网片、砖块、石块、竹排、塑料筒、人工洞穴等足够的隐蔽物供其栖息穴居，一般每亩要设置人工巢穴 3000 个以上。

4. 池塘清整、消毒

要做好平整塘底、清整塘埂的工作，这样池底和池壁才会有良好的保水性能，也可以达到尽可能减少池水渗漏的目的。对旧塘清除淤泥、晒塘和消毒，可有效地杀灭池中的敌害生物（如鲇、泥鳅、乌鳢、水蛇、鼠等）、与之争食的野杂鱼类及一些致病菌。

5. 种植水草

河蟹和小龙虾的成活率与池塘中水草的多少密切相关，所以又有"蟹大小，看水草""虾多少，看水草"的说法。水草不仅能为小龙虾和河蟹隐蔽、栖息、蜕皮生长提供理想场所，也有净化水质、减低水体肥度、提高水体透明度、促使水环境清新等重要作用。在养殖池塘投喂饲料不足的情况下，水草可作为河蟹和小龙虾的补充饲料，河蟹和小龙虾都会摄食部分水草来满足身体需要。蟹池中水草的覆盖面积要占整个池塘面积的 50% 以上，这样可将河蟹和小龙虾相互之间的影响降到最低。因此，在蟹池中水草长起来以后，再放入小龙虾和河蟹最好。

6. 投放螺蛳

螺蛳可以作为河蟹和小龙虾非常重要的动物性饵料，因此，在放养河蟹和小龙虾前必须放足鲜活的螺蛳，每亩放养要达 200~400 千克。投放螺蛳益处很多，不仅可以补充虾蟹生长的动物性饵料，还能起到净化底质的作用。螺蛳肉被吃完后留下的壳可以为水体提供一定量的钙质，从而促进河蟹和小龙虾的蜕壳。

7. 蟹、虾放养

石灰水消毒 7~10 天后，水质正常即可放苗。

蟹、虾的质量要求：一方面要求蟹、虾体表光洁亮丽，肢体完整健全，无伤无病，体质健壮，生命力强；另一方面要求蟹、虾规格整齐，稚虾规格在 1 厘米以上，蟹规格在 80 只/千克左右。同一池塘放养的虾苗蟹种规格要一致，一次性放足。

一般在蟹池套养小龙虾，每亩放虾苗 2000 尾。在 3 月左右投放河蟹 600 只，在 5 月左右投放虾苗。虾苗放养量不宜过多，否则会导致养殖失败。蟹、虾放养前，要用 3%~5% 食盐水浴洗 10 分钟，杀灭寄生虫和致病菌。同时可适当混养一些鲢、鳙等中上层滤食性鱼类，可以达到改善水质、充分利用饵料资源的目的，还可以作为塘内缺氧的指示鱼类。

8. 合理投饵

河蟹和小龙虾都具有食性杂的特点，它们都比较贪食，喜欢吃小杂鱼、螺蛳、黄豆，也吃配合饲料、豆饼、花生饼、剁碎的空心菜及低值贝类等饲料。让河蟹和小龙虾吃饱意义重大，是避免河蟹和小龙虾自相残杀的重要措施。要根据对池塘中河蟹和小龙虾的数量准确掌握，投足饲料。投喂中要把握"两头精、中间粗"的原则。在大量投喂饲料的同时要注意调控好水质，大量投喂饲料会造成水质恶化，虾、蟹死亡。

9. 管理

（1）强化水质管理，保证溶氧充足，保持池水"肥、爽、活、嫩"。小龙虾放养前期要十分注重培肥水质，适量施用一些基肥，培育小型浮游动物供小龙虾摄食。通常每 15~20 天换一次水，每次换水 1/3。中后期，水质过肥时可用生石灰消毒杀死浮游生物，一般每 20 天泼洒一次生石灰水，每亩用生石灰 10 千克。

（2）为降低后期池塘中小龙虾的密度，保证河蟹生长，要适时用地笼等将小龙虾捕大留小。

（3）加强蜕壳虾蟹的管理。为促进河蟹和小龙虾群体集中蜕壳，可使用投饲、换水等技术措施。大批虾、蟹蜕壳时严禁外界干扰。虾、蟹蜕壳后及时添加优质饲料，饲料不足会导致虾蟹之间的相互残杀。

七、利用空池养小龙虾

一些养殖池由于养殖周期或资金周转一直处于空闲状态，这些池塘如果被充分利用，可以有效地提高养殖效益。其中最显著的就是当初养殖鳗、鳖的养殖场。市场价格的冲击对鳗、鳖影响很大，许多地方鳗池、鳖池处于空置状态。鳖池由于建设之初设计科学，原来的一整套设施现在性能良好，既有必要的防逃设施，又在池中设置了供鳖栖息、晒背的各种平台，这种平台对于小龙虾同样是非常好的设施。这些池子无需改造，可直接用来养虾。因此，利用这些空池养殖小龙虾可以使其得到充分利用。

1. 清池消毒

对于空闲的养殖池，要进行清理消毒才能投入使用。要用生石灰化水后趁热彻底消毒，每亩需用 100 千克左右，也可以用漂白粉或漂白精代替生石灰，它们能杀灭各种残留的病原体。

2. 培肥

要在预定投放的前 10 天将池内的水全部换掉，然后泼洒腐熟的人粪尿或猪粪，每亩用 250 千克，为培育浮游生物，供虾苗下塘时摄食，需在池的四角堆沤 500 千克的青草或其他菊科植物。

3. 防逃设施的检查

在养殖小龙虾前，要对原先养鳖、养鳗池子的防逃设施进行全面检查。这些池子一般在当初建设时条件比较好，有一套完善的防逃设施。如果发现破损处，要及时修补或更换新的防逃设施。特别是进出水口要做好检查工作。需用纱网拦好进出水口，可以防止敌害生物进入池中危害幼虾和蜕壳虾，也能防止小龙虾通过出口管道逃逸。

4. 隐蔽场所的增设

养殖鳗或鳖的池塘，原先池底都会设置有大量的隐蔽场所。在养殖小龙虾时要再设置一些隐蔽物，如石块、瓦片或旧轮胎、树枝、破旧网片等。

5. 水草栽培

水草对小龙虾的生长帮助很大。水草不仅能供小龙虾摄食，同时也能为小龙虾提供隐蔽、栖息的理想场所，还是小龙虾蜕壳的优选场地，可以减少小龙虾间的残杀，增加小龙虾的成活率。水草在养殖小龙虾时至关重要，对于养殖鳗或鳖的空闲池塘，最大的一个池塘改造工程要算种植水草了。

养殖鳗或鳖的池塘大部分都是水泥池，在池中直接栽种水草是比较困难的，但采用放草把的方法可以满足小龙虾对水草的要求。具体操作方法是把水草扎成大小为 1 米^2 左右的团，用绳子和石块固定在水底或浮在水面，用绳子系住，绳子另一端漂浮于水面或固定在水面上，每亩可放 30 处左右，每处 10 千克。也可以选择用草框把水花生、空心菜、水浮莲等固定在水中央。但是需要注意，这种吊放的水草不易成活。养殖者一段时间后发现水草死亡糜烂时，要及时更换新的。水花生的成活率较高，可以把水花生捆成条状，用石块固定在池子周边，以此减少经常更换水草的麻烦。如果池塘是土池底，就可以按常规方法进行水草的栽培或移植，较为简单。

水草不能过多，过多则会覆盖住池，使池水内部缺氧而影响小龙虾的生长，一般水草总面积控制在池总面积的 1/4~1/3 最好。

6. 放养密度

利用成鳗、成鳖池养殖小龙虾，如果投放 3 厘米左右的幼虾，每亩 10000 尾即可。

7. 饲料投喂

"定质、定量、定点、定时"是小龙虾投喂的技术要求，投喂饲料时要严格遵守，要保证小龙虾能够获得足够的营养全面的饲料。每天晚上的投喂量应占全天的 70%~80%，每次投喂以吃完为度，一般仔虾投喂量为池中虾体总重量的 15%~25%，成虾投喂量为 5%~10%。投喂过多会造成池水恶化，饲料不足则易造成小龙虾自相残杀。

8. 水位、水质的调控

养鳗和养鳖的池水位一般都设计为 1.2 米左右，不会太深，但对于养殖小龙虾来说足够了，平时将虾池的水位保持在 1 米以上就行。

太清澈的水不利于小龙虾的生长，池水应保持一定的肥度。要充分利用养鳗或养鳖池完备的进排水系统。在高温季节尽可能做到每天都适当换水，换水时间一般为白天 13：00—15：00 或晚上下半夜。一方面可以使池水保持恒定的温度，另一方面可以增加水中溶氧，这对于小龙虾的生长和蜕壳具有非常重要的作用。另外，中性偏碱的水质有利于小龙虾的生长与蜕壳，因此池中要定期施用生石灰，使池水pH 保持在 7~8。

9. 做好防暑降温工作

在一些水位较浅的水泥池，夏季高温时可以采用在池面设置遮阳网、水面多增放些水浮莲、池底多铺设一些隐蔽物等方法降温。

10. 捕捞

这些空闲池养殖小龙虾，捕捞时是非常方便的。池里遍布的各种隐蔽物阻碍使用网捕。一般先用笼捕，最后直接放水干塘，捕捞比较容易。

第三节　稻田养殖小龙虾

　　利用稻田的浅水环境，辅以人为措施，可以在稻田饲养小龙虾。这种养殖方式可以既种稻又养虾，提高稻田单位面积生产效益。小龙虾是目前最适合稻田养殖的淡水品种之一。早在20世纪60年代，美国就开始在稻田里养殖小龙虾。稻田养虾不会对水稻产量造成影响，还能起到提高水稻质量、减少用药量、降低生产成本的作用。因此，稻田养虾具有投资少、见效快和收益大等优点，可有效利用我国农村土地资源和人力资源。它是一项值得推广的农村养殖方式。稻田养殖小龙虾目前有两种模式：稻虾共作养殖，小龙虾和中稻的连作养殖。

　　稻田高效养殖小龙虾示意图见图4-3。

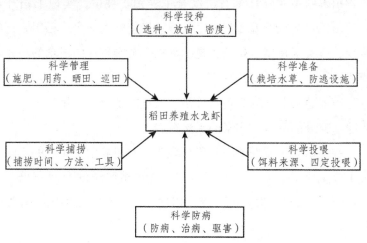

图4-3　稻田高效养殖小龙虾示意图

稻田养殖小龙虾共生原理的内涵是以废补缺、互利共生、化害为利，以"稻田养虾，虾养稻"为目的。

稻田养殖小龙虾各生物间的物质循环见图4-4。

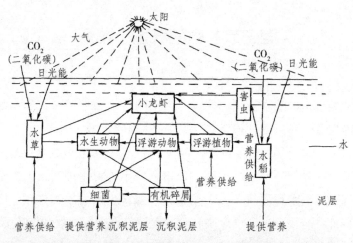

图4-4 稻田养殖小龙虾各生物间的物质循环示意图

稻田养殖小龙虾技术有机结合了养殖、种植，实现了稻虾双丰收；稻田浅水适宜的温度和充足的溶氧量使虾病减少；稻田附近的蚊虫减少，改善了环境卫生等，是一种推广范围较广的成功的小龙虾养殖模式。

稻田养殖小龙虾的必备条件是：适宜的水温、充足的水源、充足的光照、充分的溶氧、丰富的天然饵料。

一些稻田养殖龙虾的项目研究表明，稻田养殖小龙虾的田间工程建设十分重要。主要包括稻田各养殖或种植区域的合理布局，虾沟（包括环形沟和田间沟）的开挖，田埂加高、加宽与加固，有效的防逃设施等。

稻田养殖小龙虾的田间工程见图4-5。

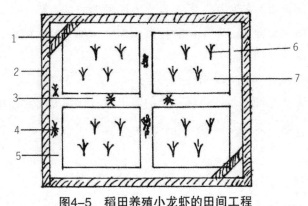

图4-5 稻田养殖小龙虾的田间工程

1.田块对角的漂浮植物 2.田埂及防逃设施 3.田间沟
4.沟内的水草 5.环形沟 6.水稻 7.田块

一、稻田的选择与合理布局

养虾稻田对环境有一定的要求，一般涉及以下4个方面：

1. 水源

稻田水源要充足，水质良好，周围没有污染源。田埂要比较厚实，一般比稻田平面高出0.5~1.0米，埂面宽2米左右，并敲打结实，堵塞漏洞，以防止小龙虾逃逸并提高蓄水能力。田面平整，稻田周围没有高大树木；桥涵闸站配套，通水、通电、通路。雨季水多不漫田、旱季水少不干涸、排灌方便、没有有毒污水和低温冷浸水流入，水质良好，农田水利工程设施要配套，有一定的灌排条件。

2. 土质

由于黏性土壤的保肥力强，保水力强，渗漏性小，这种稻田土质肥沃，是可以用来养虾的。而渗水漏水、土质瘠薄的稻田、矿质土壤、盐碱土则均不宜养小龙虾。

3. 合理布局

养殖稻田面积要根据具体条件，本着便于管理和投喂的目的，对其进行合理布局。养殖面积略小的稻田，只需在四周开挖环形沟，水草以沉水植物为主，兼顾漂浮植物，要求参差不齐、错落有致。

养殖面积较大的稻田，需要设立不同的功能区：稻田的4个角落设立漂浮植物暂养区；环形沟种植沉水植物和部分挺水植物；田间沟则全部种植沉水植物。

4. 做好防汛、防逃工作

只要条件允许，就要备足一定的防汛器材，并提前对田埂、防逃设施进行加固。要经常检查防逃设施，及时修补。

二、开挖虾沟

夏季高温对小龙虾影响较大，一般稻田水位浅，因此必须在稻田田埂内侧四周开挖环形沟和虾溜。以水稻不减产为前提，尽可能地扩大虾沟和虾溜面积。虾沟、虾溜的开挖面积一般不超过稻田的8%。对于面积较大的稻田，应开挖"田"字、"川"字或"井"字形田间沟，但面积也应控制在12%左右。环形沟距田埂1.5米左右，上口宽3米，下口宽0.8米；田间沟宽1.5米，深0.5~0.8米。虾沟不仅可以防止水田干涸，并且可以作为晒田、施追肥、喷农药时小龙虾的退避处，还是夏季高温时小龙虾栖息隐蔽遮阴的理想场所。

虾沟的位置、形状、数量、大小受稻田的地形和面积影响很大。通常面积比较小的稻田，只需在稻田四周开挖虾沟即可；面积比较大的稻田，每隔50米左右在稻田中央多开挖几条虾沟，周边的沟较宽些，田中的沟可以窄些。

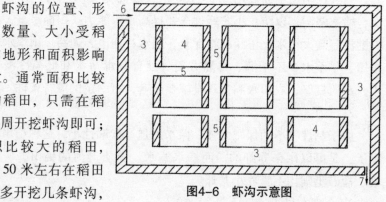

图4-6　虾沟示意图

1.田埂　2.田中小埂　3.虾沟（周边沟）　4.田块
5.虾沟（田中沟）　6.进水口　7.排水口

虾沟示意图见图4-6。

三、加高、加固田埂

加高、加宽、加固田埂是一项重要的工作，可以保证稻田达到一定的水位，防止田埂渗漏，增加小龙虾活动的空间，提高小龙虾的产量。开挖环形沟的泥土可以垒在田埂上并夯实，田埂加固时要层层夯实，确保田埂高 1.0~1.2 米，上宽 2 米，做到不裂、不漏、不垮，以防雷阵雨、暴风雨和满水时崩塌，发生小龙虾逃逸现象。有条件的话，可以在防逃网的内侧种植一些黑麦草、南瓜、黄豆等，可以起到为周边虾沟遮阳的作用，其根系还可以起到护坡的作用。

实践证明，为了给小龙虾的生长提供更多的空间，在田中央开挖虾沟的同时，可多修建几条田间小埂，为小龙虾挖洞提供更多场所。

四、防逃设施要到位

在稻田进行小龙虾的高密度养殖，产量和效益都较高，但必须在田埂上建设防逃设施。

常用的防逃设施有两种，一是安插高为 55 厘米的硬质钙塑板作为防逃板，将其埋入田埂中约 15 厘米，每隔 75~100 厘米处用一木桩固定，注意四角应做成弧形，以防止小龙虾沿夹角攀爬外逃；第二种防逃方法主要是在易涝的低洼稻田，采用麻布网片、尼龙网片、有机纱窗和硬质塑料薄膜共同防逃。方法是选取长度为 1.5~1.8 米的木桩或毛竹，削掉毛刺，一端削成锥形或锯成斜口，沿着田埂将这种桩打入土中 50~60 厘米，桩与桩之间隔 3 米左右，并呈直线排列，田块拐角处呈圆弧形。然后用高 1.2~1.5 米的密网固定在桩上，围在稻田四周，在网上内面距顶端 10 厘米处缝上一条宽 25~30 厘米的硬质塑料薄膜即可。防逃膜不应有褶，接头处光滑且不留缝隙。

小龙虾很容易从进、出水口逃逸，因此在修筑进、出水口时，按照高灌低排的格局，进水渠道建在田埂上，排水口建在虾沟的最低处，保证灌得进、排得出。此外，还要定期对进、排水总渠进行整修。稻田的进排水口用铁丝网或双层密网防逃，也可用栅栏围的方法，既可以防止小龙虾在进水或下大雨的时候外逃，同时也能起到防止蛙卵、野杂鱼卵及幼体进入稻田危害蜕壳虾的作用。为了防止夏天雨季冲毁堤埂，稻田还应开设一个溢水口，溢水口用双层密网过滤以防止小龙虾乘机逃走。

稻田养殖小龙虾防逃示意图见图4-7。

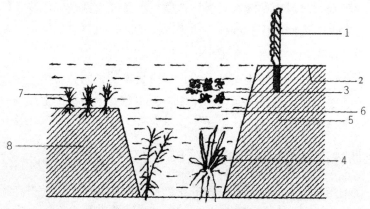

图4-7　稻田养殖小龙虾防逃示意图

1.防逃设施　2.田埂　3.虾沟内的漂浮水草　4.虾沟内的沉水水草和挺水水草
5.稻根深度　6.环形沟　7.水稻　8.栽水稻的稻田土

为了检验防逃设施的可靠性，在规模化养殖的连片养虾田外侧，可以修建一条田头沟或防逃沟，在沟内长年用地笼捕捞小龙虾，因此它既是进水渠，又是检验防逃效果的一道屏障。

五、水稻田管理

1. 水稻品种选择

用于养虾的稻田一般只种一季稻，目前常见的品种有汕优系列、协优系列等。在选择品种时尽量选择那些叶片开张角度小、抗病虫害、抗倒伏且耐肥性强的紧穗型品种。

2. 秧苗移植

一般在 5 月下旬开始移植秧苗，但是养虾的稻田最好提早 10 天左右栽插，采取的方法为条栽与边行密植相结合、浅水栽插。采用抛秧法，可以减少栽秧时对小龙虾的侵扰。为充分发挥宽行稀植和边坡优势的技术，移植密度为 30 厘米×15 厘米为宜，有利于改善小龙虾生活环境的通风、透气性能。

3. 科学施肥

在养虾的稻田，主要施加的肥为基肥和腐熟的农家肥。每亩可施农家肥 300 千克，尿素 20 千克，过磷酸钙 20~25 千克，硫酸钾 5 千克。通常情况下，放虾后不施追肥，否则会降低田中水体溶解氧，对小龙虾的正常生长造成影响。在小龙虾养殖过程中，如果发现脱肥，可追施尿素，但追施的量要少，一般每亩不超过 5 千克。

施肥的方法是这样的：先排干田水，等虾集中到虾沟中再施肥，这样肥料会迅速沉积于底泥中，并迅速被田泥和禾苗吸收，接下来加深田水到正常深度。施肥的方法还可以选用少量多次、分片撒肥或根外施肥等。对小龙虾有害的化肥如氨水和碳酸氢铵等是禁止使用的。追肥如果用经过发酵的有机粪肥，会收到很好的效果。施肥量为每亩 15~20 千克。

4. 科学施药

稻田养虾好处颇多：能有效抑制杂草的生长；降低病虫害的发生率。在稻田养虾时，要尽量减少除草剂和农药的使用。在小龙虾入田后，如果再发生草荒，可以采用人工拔除的方式。如果遇到稻田病害或虾病严重的确需要用药时，应掌握以下施药原则：①科学诊断，对症下药。②选择一些高效低毒低残留的农药。③慎用美曲膦酯等药物，禁用溴氰菊酯等药物。因为小龙虾是甲壳类动物，也是无脊动物，对含膦药物、菊酯类、拟菊酯类药物特别敏感。④喷洒农药时，一般应加深田水，可以起到降低药物浓度，减少药害的效果。也可以先把田水降低到虾沟以下位置再施药，8 小时后立即上升水位至正常水平。⑤粉剂药物应选择在早晨露水未干时喷施，水剂和乳剂药物则应在下午喷洒。⑥排水速度要慢，等虾爬进虾沟后再施药。⑦用药方法可采取分片分批进行，具体操作为先施稻田的其中一半，过两天再施另一半，施药时尽量避免农药直接落入水中，保证小龙虾的安全（表4-1）。

表4-1　对小龙虾毒性较强的农药

农药类别	农药品种	防治对象	种植业常用药量与施药方法
有机磷	<90%晶体敌百虫	小麦黏虫、菜青虫、菜螟等	每亩用药50~100克，对水喷雾
	80%敌敌畏乳油	小麦黏虫、菜青虫、小菜蛾等	每亩用药75~100毫升，对水喷雾
	50%马拉硫磷乳剂	稻蓟马、黏虫、蚜虫等	每亩用药100毫升，对水喷雾
	50%辛硫磷乳剂	麦蚜、棉蚜、菜青虫等	每亩用药25~30毫升，对水喷雾
有机硫	73%克螨特乳油	棉花、柑橘、蔬菜等作物红蜘蛛等	每亩用药30~50毫升，对水喷雾
噻嗪酮	25%稻虱净可湿性粉剂	稻飞虱、稻叶蝉	每亩用药20~30克，对水喷雾
甲酰脲类	5%抑太保乳油	蔬菜上菜青虫、小菜蛾、斜纹夜蛾等	每亩用药20~50毫升，对水喷雾
酰基脲类	5%卡死克乳油	菜青虫、小菜蛾等	每亩用药25~50毫升，对水喷雾
		茄子、豆类、棉花红蜘蛛	1000~2000倍喷雾
微生物源	1%阿维菌素乳油	蔬菜上蚜虫、小菜蛾、夜蛾类	每亩用药30~40毫升
		蔬菜潜叶蝇、红蜘蛛	每亩用药15~20毫升

（续）

农药类别	农药品种	防治对象	种植业常用药量与施药方法
植物源	0.36% 苦参碱水剂	蔬菜蚜虫、菜青虫等	每亩用药 50 毫升，对水喷雾
有机氮	90% 杀虫单可湿性粉剂	稻纵卷叶螟、稻蓟马、螟虫、玉米螟、菜青虫等	每亩用药 30~50 克，对水喷雾
菊酯	20% 杀灭菊酯乳油	棉蚜、蓟马、绿盲蝽、菜蚜、菜青虫、小菜蛾等	每亩用药 10~20 毫升，对水喷雾
复配农药	20%螟铃特乳油	水稻二化螟等	每亩用药 45 毫升
	25%快杀灵乳油	稻蓟马、蔬菜上蚜虫等	每亩用药 30~50 毫升
	16%稻丰收	防治水稻后期病害	每亩用药 100 克，对水喷雾
	50% 瘟克星可湿性粉剂	防治水稻稻瘟病	每亩用药 60 克，对水喷雾
	10% 吡虫啉可湿性粉剂	各类蚜虫、飞虱、叶蝉等	每亩用药 15~20 克，对水喷雾

施药后，有时会出现虾上爬、急躁不安的状况，这时应立即采取急救措施。急救方法：一为换水，速度较快；二为用生石灰水全田泼洒。

5. 科学晒田

水稻在生长发育过程中的需水情况与养虾需水是互相矛盾的，并且始终处在变化中。当田间水量多、水层保持时间长时，对虾的生长有利，但对水稻却不利。对于水稻的生长，农谚是这样总结的："浅水栽秧、深水活棵、薄水分蘖、脱水晒田、复水长粗、厚水抽穗、湿润灌浆、干干湿湿"。有经验的老农常常采用晒田的方法来抑制无效分蘖。此时水位很浅，对小龙虾非常不利，因此稻田的水位调控工作是非常重要且必要的。在生产实践中，一条很重要的经验就是："平时水沿堤，晒田水位低，沟溜起作用，晒田不伤虾"。因此，在晒田前，为了严防阻隔与淤塞，要清理虾沟虾溜。晒田总的要求为轻晒或短期晒。晒田时，要把沟内水深保持在低于秧田表面15厘米，田块中间不陷脚，田边表土不裂缝和发白，见到水稻浮根泛白就可以了。晒好田后，要及时恢复原来的水位。

6. 病害预防

在小龙虾稻田养殖过程中要始终坚持一项原则：预防为主，治疗为辅。预防方法有很多种，主要包括：干塘清淤和消毒；种植水草和引入螺蚬；苗种检疫和消毒；调控水质和改善底质等。

常见的小龙虾的敌害生物有水蛇、青蛙、蟾蜍、水蜈蚣、鼠、黄鳝、泥鳅、鸟等，应及时采取有效措施驱逐或诱灭。在放养初期小龙虾容易被敌害侵袭，因为此时稻株茎叶不茂，田间水面空隙较大，小龙虾个体也较小，活动能力弱，逃避敌害的能力还不强。小龙虾最容易成为敌害的适口饵料的时间为蜕壳期。收获期，因为田水排浅，小龙虾可能会到处爬行，易被鸟、兽捕食。综上所述，要加强田间管理，及时驱捕小龙虾的敌害。如果条件允许，在田边设置一些彩条或稻草人也是一种驱赶水鸟很好的方法。此外，在放养虾苗后，为避免损失，还要禁止家鸭下田沟活动。

虽然小龙虾的疾病目前发现的很少，但也不可掉以轻心，当前发现的主要疾病为纤毛虫寄生。据此，要把定期预防消毒工作做到位。放苗前的稻田要进行严格消毒，虾种要用5%食盐水浴洗5分钟，严防病原体带入田中；采用生态防治方法，落实好"以防为主、防重于治"的原则。每隔15天用生石灰溶水全虾沟泼洒，每亩使用生石灰10~15千克。不但可以有效防病治病，还能促进小龙虾的蜕壳。当夏季高温季节来临时，每隔15天，要在饵料中添加多种维生素、钙片等，这样可以增强小龙虾的免疫力。

六、稻虾连作养殖

在一些气候相对温暖的地方，如我国长江中游地区和苏南地区，存在许多低湖田、冬泡田或冷浸田。这些地区一年只种一季中稻，9~10月稻谷收割后，一般稻田要空闲到第二年6月才重新种上。如果采取小龙虾和中稻连作，既不影响中稻田的耕作和产量，每年每亩还可收获小龙虾50~100千克，效益可观，是广大农民致富的一个好门道（图4-8）。

小龙虾与中稻连作的养殖模式要求：一次放足虾种，分期分批轮捕。这两者连作，放养小龙虾有3种模式：

图4-8　稻田养殖小龙虾试验区

1. 放亲虾模式

在中稻收割之前1~2个月，即每年7~8月，把经过挑选的小龙虾亲虾投放在稻田的环形虾沟中。每亩投放18~20千克，雌、雄比为（2.0~1.5）：1，稻田的排水、晒田和割谷不受影响，可以照常进行。为培肥水质，可将收割后的中稻秸秆还田，并随即灌水，施腐熟的有机草粪肥。等观察到有较多的幼虾活动时，可用地笼把个体大的虾捕走，同时加强对幼虾的饲养和管理。

2. 放抱卵虾模式

每年9~10月，当中稻收割后稻草要还田。这时可以用木桩在稻田中营造一些人工洞穴，这些洞穴深10~20厘米，并立即灌水。灌水后往稻田中投放小龙虾抱卵虾，每亩投放12~15千克。抱卵虾投放后不必投喂人工饲料，但为培肥水质，要投施一些牛粪、猪粪和鸡粪等腐熟的农家肥。待发现有幼虾活动时，可用地笼适时捕走大虾，同时加强对幼虾的饲养和管理。有的稻田天然饵料生物不丰富，可适量投喂人工配合饲料。

3. 放幼虾模式

9~10月当中稻收割后，要立即灌水，投施腐熟的农家肥，每亩投施300~500千克，将其均匀地投撒在稻田中，没于水下，以培肥水质。在稻田中投放小龙虾幼虾的量为15000~30000尾。当天然饵料生物不足时，可适当投喂一些配合饲料，每日投300~500克/亩。一般投喂在稻田沟边，沿边呈多点块状分布。

要把稻草尽可能多地留在稻田中，没于水下浸沤，并呈多点堆积。整个秋冬季节，注重投肥、投草工作，培肥水质。一般1个月投1次水草，施1次腐熟的农家草粪肥。天然饵料生物丰富的稻田，可不投饲料；天然饵料生物不足，但是可以看见有大量幼虾活动的，可适当投喂人工饲料，以此提高产量和商品虾规格。

小龙虾在冬季进入洞穴中越冬，到第二年2~3月水温回升时从洞穴中出来。此时可以用调节水深的办法来控制水温，这样水温能更适合小龙虾生长。调控的方法是：白天有太阳时水浅些，水被晒后水温可尽快回升；晚上、阴雨天或寒冷天气水深些，这样能保持水温稳定。

开春以后，为培养丰富的饵料生物，要加强投草、投肥。一般每半个月每亩投1次水草，100~150千克；同时每个月投1次发酵的猪、牛粪，100~150千克。条件好的每天适当投喂1次人工饲料，可加快小龙虾的生长。投喂量以稻田存虾重量的3%为宜，时间安排在傍晚。

每年3月底用地笼开始捕捞小龙虾，捕大留小，一直到5月底、6月初。中稻田整田前，彻底干田，将田中的小龙虾全部捕起。

七、投喂技巧

1. 投喂量

虾苗刚下田时的日投饵量为每亩0.5千克。随着虾苗的生长，要不断增加投喂量。天气、水温、水质等因素都会影响投喂量，但具体情况还应在生产实践中自己把握。对于小龙虾是捕大留小，稻田里虾的存田量虾农是不可能准确掌握的。也就是说按生长量来计算投喂量往往是不准确的，生产实践中鼓励虾农采用试差法来掌握投喂量。方法为第二天投食前先查一下前一天所喂的饵料情况，如果没有剩余，说明基本上够吃；如果剩下不少，说明投喂量过多；如果发现饵料没有剩余，而且饵料投喂点旁边有小龙虾爬动的痕迹，说明饵料投喂量太少了。照这个方法观察 3 天就可以确定投饵量了。在没有捕捞时，每隔 3 天增加 10% 的投饵量；如果是捕大留小，则要适当减少 10%～20% 的投饵量。

2. 投喂方法

一般每天分上午、傍晚 2 次投放，以傍晚的投喂量为主，约占全天投喂量的 60%～70%。小龙虾喜欢在浅水处觅食，所以养殖者在投喂时，应在田埂边和浅水处多点均匀投喂，也可以选择在稻田四周的环形沟边设饵料台，以便观察虾的吃食情况。实际生产中，饲料投喂要采取"四看""四定"的方法。

（1）"四看"投饵。

看季节：一般 5 月中旬前，动、植物性饵料比为 60∶40；5 月至 8 月中旬，为 45∶55；8 月下旬至 10 月中旬为 65∶35。

看实际情况：连续阴雨天或水质过肥时，应当少投喂，当天气晴好时则可以适当多投喂；虾大批蜕壳时少投喂，蜕壳后多投喂；虾发病时少投喂，正常生长时多投喂。总的原则为：让虾吃饱、吃好，同时不要浪费，提高饲料利用率。

看水色：水的透明度大于 50 厘米时多投喂，少于 20 厘米时应少投喂，及时换水。

看摄食活动：如果发现过夜剩余饵料，就应减少投饵量。

（2）"四定"投饵。

定时：每天分 2 次，时间最好固定。如果需要调整时间，一般半个月甚至更长时间才能完成。

定位：沿着田边浅水区，定点呈"一"字形摊放，每隔20厘米设一投饵点。在规模化养殖的稻田，也可以选择投饵机完成投喂。

定质：小龙虾饲料讲究青、粗、精结合，质量要求高，还要确保新鲜适口，配合饵料或全价颗粒饵料最好，腐败变质饵料是严禁投喂的。一般动物性饵料占40%，粗料占25%，青料占35%。如果是动物下脚料，最好是煮熟后投喂。如果稻田中水草不足，一定要增加投喂陆生草类的量。要捞掉吃不完的水草，夏季它们腐烂很容易影响水质。

定量：日投饵量的确定按"投喂量"所述。

3. 小龙虾不同生长阶段的投喂方法

在人工养殖情况下，小龙虾不同的生长阶段的投喂方法略有不同。

一是投喂饵料种类有别。幼虾生长必须摄食一定的活饵料，因此在稻田养殖小龙虾时，必须提前培育浮游生物。在放苗前的7天，可向稻田内追施发酵过的有机草粪肥。水质肥了，枝角类和桡足类浮游动物就容易生长了，这样就能为幼虾提供充足的天然饵料。此外还可以从池塘或天然水域捞取浮游动物。在幼虾刚具备自主摄食能力时，可向稻田中投喂丰年虫无节幼体、螺旋藻粉等优质饵料。小龙虾第4次蜕壳后，进入体重、体长快速增长期，这时要投入足够的饵料，一般以浮萍、水花生、苦草、豆饼、麦麸、米糠、植物嫩叶等植物性饲料为主，同时要适当增加低价野杂鱼、水生昆虫、河蚌肉、蚯蚓、蚕蛹、鱼肉糜、鱼粉等动物性饲料的投喂量。成虾的养殖要保证饲料粗蛋白质含量在25%左右，可以直接投喂绞碎的米糠、豆饼、杂鱼、螺蚌肉、蚕蛹、蚯蚓、屠宰厂和食品加工厂的下脚料以及配合饲料等。颗粒饲料的投喂效果最好，可避免小龙虾争抢饲料、自相残杀。

二是投喂次数略有区别。幼虾一般要每天投喂3~4次，9：00—10：00投喂第1次，15：00—16：00投喂第2次，日落前后投喂第3次，也可以在夜间投喂第4次，每万尾幼虾投喂0.15~0.20千克饲料，投喂时沿稻田四周多点片状投喂。幼虾多次蜕壳后开始进入壮年，此时要定时向稻田中投施腐熟的草粪肥，一般每半个月 1 次，每次每亩 100~150 千克。同时每天投喂 2~3 次人工糜状或软颗粒饲料，日投喂量为壮年虾体重的 4%~8%，白天的投喂量占日投饵量的 40%，晚上投喂占日投饵量的 60%。成虾一天投喂 2 次，上午、傍晚各 1 次，日投饵量为虾体重的 2%~5%。

三是水草利用有区别。水草是幼虾隐蔽、栖息的理想场所，同时也是蜕壳的良好场所，除此之外，对于成虾还可作为补充饲料，大大节约了养殖成本。

注意：小龙虾吃剩的饵料会影响水质，应及时清理。

八、灯光诱虫

飞蛾等虫类是鱼虾的优质活饵料，实践表明，在稻田中装配黑光灯引诱飞蛾、昆虫，可为小龙虾增加一定数量的廉价优质鲜活动物性饵料，使小龙虾的产量增加 10%~15%，降低 10% 以上的饲料成本，而且还可以诱杀附近农田的害虫，增产增收。蛾虫具有较强的趋光性。波长为 0.33~0.40 微米的紫外光最受蛾虫喜欢，且对虾类无害。黑光灯所发出的紫光和紫外光，波长为 0.36 微米，可大量诱集蛾虫。

试验显示，20 瓦和 40 瓦的黑光灯诱虫效果最好，其次是 40 瓦和 30 瓦的紫外灯，最差的是 40 瓦的日光灯和普通电灯。选购 20 瓦的黑光灯管，装配上 20 瓦普通日光灯镇流器，灯架为木质或金属三角形结构。在镇流器托板下面、黑光灯管的两侧，再装配宽为 20 厘米、长与灯管相同的普通玻璃 2~3 片，玻璃间夹角为 30°~40°。蛾虫扑向黑光灯时会碰撞在玻璃上，被光热击晕后掉落水中，供小龙虾摄食。

在田埂一端离田埂 5 米处的稻田内侧，埋栽高 1.5 米的木桩或水泥柱。柱的左右分别拴 2 根铁丝，间隔 50~60 厘米。位于下面的铁丝离水面 20~25 厘米，拉紧固定后，用于挂灯管。

可以把黑光灯固定安装在 2 根铁丝的中心部位，并使灯管直立仰空 12°~15°，这样可以扩大光照面。一般 2~5 亩的稻田挂 1 组，5~10 亩的稻田可在对角分别安装 1 组，以此解决部分饵料。

黑光灯诱虫并非全年使用，一般只在每年的 5 月到 10 月初 5 个月中用到。每天诱虫的高峰期在 20：00—21：00，这一时段的诱虫量可占当夜诱虫总量的 85% 以上，零时以后诱虫量明显减少，可以关灯。如果遇到大风、雨天，黑光灯就派不上用场。夏天时傍晚开灯效果最佳。据测试，假如开灯第 1 个小时诱集的蛾虫数量总额定为 100% 的话，那么第 2 个小时内诱集的蛾虫总量则为 138%，第 3 个小时内诱集的蛾虫总量则为 173%。因此，每天适时开灯 1~3 个小时效果最为理想。在 7 月以前，黑光灯所诱集的飞蛾种类较多，如棉铃虫、地老虎、玉米螟、金龟子等，通常每组灯管每夜可诱集 1.5~2.0 千克，这相当于 4~6 千克的精饲料；7 月以后，诱集的飞蛾种类有蟋蟀、蝼蛄、金龟子、蚊、蝇、蝗、蚋、蝗、蛾、蝉等，每夜可诱集 3~5 千克，相当于 15~20 千克的精饲料。

九、稻田水草栽培技术

1. 栽前准备

（1）清整虾沟。如果是当年刚开挖的虾沟，只要把沟内塌陷的泥土清理一下就行了。对于已养殖虾 2 年的稻田，需要将整个虾沟消毒清整，主要方法为：排干沟内的水，用生石灰化水趁热全池泼洒，每亩用生石灰 150~200 千克。清野除杂，让沟底充分冻晒半个月，把虾沟的修复整理工作做好。

（2）注水施肥。栽培前 5~7 天，注水水深 30 厘米左右，用 60 目筛绢过滤进水口，每亩施腐熟粪肥 300~500 千克，可以作为栽培水草的基肥，又可使水质变肥。

2. 品种选择与搭配

一是，可把小龙虾对水草利用的优越性作为参考，从而决定移植水草的种类和数量。通常以沉水植物和挺水植物为主，辅以漂浮植物和浮叶。

二是，根据小龙虾的食性，移植水草时可多移植一些小龙虾喜食的苦草、轮叶黑藻、金鱼藻等，适当少移植其他品种水草，这样能起到调节互补的作用，对改善稻田水质、增加虾沟内的溶氧、提高水体透明度都有很好的作用。

三是，无论采用哪种养殖模式在稻田中养殖小龙虾，都应将虾沟中的水草覆盖率保持在50%左右，水草品种须在2种以上。

四是，稻田中最常栽培的3种水草是：伊乐藻、苦草、轮叶黑藻。三者的栽种比例要恰当，早期伊乐藻的覆盖率应控制在20%左右，苦草的覆盖率应控制在20%~30%，轮叶黑藻的覆盖率应控制在40%~50%。三者的栽种时间也是有次序的，通常是伊乐藻—苦草—轮叶黑藻。这3种水草作用不同，伊乐藻为早期过渡性和小龙虾的食用水草，苦草为食用水草同时可供小龙虾隐藏，轮叶黑藻则是对稻田养殖长期有效的主打水草。种植这些水草有一些注意事项：伊乐藻要在冬春季节播种，高温时期到来时要将伊乐藻草头割去，留下根部以上10厘米左右的部分即成；苦草种子会遭小龙虾一次性破坏，因此要分期分批播种，错开生长期；轮叶黑藻可以长期栽培。

第四节 草荡、圩滩地养殖小龙虾

草荡、圩滩地大水面具有优越的自然条件和丰富的生物饵料，草荡、圩滩地养殖是养殖小龙虾的一种生产形式。它兼具很多优点：省工、省饲、投资少、成本低且收益高；可以和鱼、虾、蟹混养，和水生植物共生；能够综合利用水域。因此，草荡、圩滩地养虾，是充分利用我国大水面资源的有效途径之一。在生产实践中要实行规模经营，建立生产、加工、营销一体化企业，发挥综合效益和规模效益。

一、养殖水体的选择及养虾设施的建设

1. 养殖水体的选择

在生产实践中，一定要选择交通方便，水源充沛，水质无污染，便于排灌，有堤或便于筑堤，能避洪涝和干旱之害，沉水植物较多，底栖生物、小鱼虾饵料资源丰富的地方作为养殖小龙虾的地点，并不是所有的草荡都适宜养殖小龙虾。安徽省天长市高邮湖边有许多滩涂、草荡、低洼地，这些地方是绝好的养殖小龙虾的场所，现在它们都被开发成低坝高栏养殖河蟹，效益良好。

2. 养虾设施的建设

（1）选好地址。选择好将要养虾的草荡，在四周挖沟围堤，沟宽3~5米，深0.5~0.8米。

（2）基础建设。在荡区开挖"井""田"字形鱼道，宽1.5~2.5米，深0.4~0.6米。

（3）多为小龙虾打洞提供地方。在草荡中央，可以挖些小塘坑与虾道连通，每坑面积200米^2。虾道、塘坑挖出的土可以顺手筑成小埂，埂的长度不限，宽为50厘米即可。

（4）草荡区内有一些无草地带，要在那里栽些伊乐藻等沉水植物，原有的和新栽的草占荡面的面积保持在45%左右。

（5）建好进、排水系统。为控制水位，在大的草荡还要建控制闸和排水涵洞。

（6）要建好防逃设施。可用麻布网片或尼龙网片或有机纱窗和硬质塑料膜共同防逃。一般用高50厘米的有机纱窗围在池埂四周，把质量好的、直径为4~5毫米的聚乙绳作为上纲缝在网布的上端，针线从纲绳中穿过，缝制时纲绳必须拉紧。接着选取长度为1.5~1.8

米的毛竹竿，削掉毛刺，把没入泥土的一端削成锥形，或锯成斜口。沿池埂将竹桩打入土中 50~60 厘米，桩与桩间隔 3 米左右，并呈直线排列，当然池塘拐角处呈圆弧形。把网的上方固定在竹桩上，使网高不低于 40 厘米，然后把一条宽为 25 厘米的硬质塑料薄膜缝在网上部距顶端 10 厘米处的位置。控制针距，能防止小虾逃跑就好。针线要拉紧，否则小龙虾会逃跑，还会引来鼠、水蛇等敌害生物的入侵。

二、种苗放养前的准备

1. 清除敌害

草荡中存在凶猛鱼类、青蛙、蟾蜍、鼠、水蛇等多种敌害生物。虾种刚放入和蜕壳时抵抗力很弱，极易受其侵害，因此要及时清除这些生物。要用金属或聚乙烯密眼网包扎进、排水管口，防止敌害生物的卵、幼体、成体进入草荡。选择虾种放养前 15 天风平浪静的天气，用电捕、地笼和网捕除野。用几台功率较大的电捕鱼器并排前进，清捕野杂鱼及肉食性鱼类，来回多次。还可采用漂白粉等药物清塘，每亩用漂白粉 7.5 千克，沿荡区中心泼洒。

对于敌害鱼类、青蛙、蟾蜍等要经常捕捉。可在专门的粘贴板上放诱饵诱粘鼠类，然后捕获它们。

2. 改良水草

草荡、圩滩地的水草覆盖面积应保持在 90%以上。当遇到水草不足时，应移植小龙虾喜食的伊乐藻、轮叶黑藻、马来眼子菜等水草，它们对水质不会造成污染。根据草荡、圩滩地水草的生长情况，要不定期地割掉水草已老化的上部，促使其及时长出嫩草，供小龙虾摄食。

3. 投放足量螺蛳

在草荡、圩滩地清除敌害生物以后，要投放一定数量的螺蛳。最佳的螺蛳投放时间为 2 月底到 3 月中旬，螺蛳的投放量为 400~500

千克/亩，令其自然繁殖。网围内要保持足够数量的螺蛳资源，当螺蛳数量不足时，要及时增补。

三、种苗放养

草荡、圩滩地放养虾后，开春也可以放养河蟹和鱼类，每亩放养规格为 50~100 只/千克的 1 龄蟹种 100~200 只，鳜鱼种 10~15 尾，1 龄鲢、鳙鱼种 50~100 尾，充分利用养殖水体，提高养殖经济效益。

草荡、圩滩地有两种放养模式。一种方法为每年 7~9 月，每亩投放经挑选的小龙虾亲虾 18~25 千克，平均规格 40 克以上，雌雄性比（2~1）：1。投放后不需要投喂饲料，第二年的 4~6 月开始用地笼、虾笼捕捞，捕大留小。在年底，可保存一定数量的留塘亲虾用于来年的虾苗繁殖。另一种是在 4~6 月投放小龙虾幼虾，规格为 50~100 尾/千克，每亩投放 25~30 千克。通常两种放养量的产量可达 50~75 千克/亩。

四、饲养管理

1. 投饵管理

草荡、圩滩地养虾的核心工作是饲料管理。草荡、圩滩地养殖小龙虾一般利用这些区域的天然饵料，采用粗养的方法进行。粗养过程中适当投喂饵料可适当提高经济效益。特别是在 6~9 月小龙虾的生长期，投足饲料能提高养殖产量。根据小龙虾投喂后的饱食度来调整投饲量。一般每天投喂 2 次，9：00 和 17：00 各 1 次，日投饵量为存虾体重的 2%~5%。上午在水草深处投料，下午在浅水区投喂。投喂后要检查小龙虾的吃食情况，一般投喂后 2 小时吃完最好。

2. 水质管理

草多腐烂会造成水质恶化，每年秋季这种现象较为严重，应引起草荡养虾者的注意。及时除掉烂草，并注新水，使水体溶氧量保持在5毫克/升以上，透明度达到35~50厘米。注新水应选择在早晨，不能在晚上，否则小龙虾会逃逸。草荡面积、小龙虾的活动情况和季节、气候、水质变化等都会影响注水次数和注水量。为帮助小龙虾蜕壳，保持蜕壳的坚硬和色泽，可在小龙虾大批蜕壳前用生石灰化水全荡泼洒。

3. 日常管理

（1）建立岗位管理责任制。专人值班，坚持每天早晚各巡田1次。严格执行以"四查"为主要内容的管理责任制。①查水位、水质变化情况，定期测量水温、溶氧量、pH等；②查小龙虾活动摄食情况；③查防逃设施完好程度；④查病敌害侵袭情况。发现问题立即采取相应的解决措施，要求工作人员记好值班日志。

（2）防逃工作。草荡、圩滩地养殖小龙虾面临的最严峻的问题是防逃。虾种刚放入荡时不适应新的环境、夏季汛期时均易逃逸。此时要加强看管。平时还要勤检查拦网有无破损、水质有无污染，发现问题要及时处理。

（3）蜕壳期管理。在小龙虾蜕壳期，要保持周围环境稳定，增投动物性饲料。水草不足时要适时增设水草草把，以利于小龙虾附着蜕壳。

五、捕捞

在饵料丰富、水质良好、栖息水草多的环境中，小龙虾生长迅速，捕捞时可根据放养模式进行。放养亲本种虾的草荡、圩滩地，可在5~6月用地笼进行捕虾，捕大留小，一直到天气转凉的10月为止；9~10月可在草荡、圩滩地降低水位，捕出河蟹和鱼类。小龙虾捕捞时要把一部分性成熟的亲虾留下。作为翌年养殖的苗种来源，9~10月捕捞的抱卵虾要放到专池饲养。

第五节　网箱养虾

一、网箱养小龙虾的特点

1. 不与农田争地

网箱养小龙虾，把不便放养、很难管理和无法捕捞的各类大、中型水体用来养虾，不与农业争土地，还开发了水域的渔业生产力，方式独特。

2. 有优良的水环境

水面宽广、水流缓慢、水质清新的大中水域的水面，可以考虑设网箱。网箱的环境比池塘要好得多，溶氧量能保证在5毫克/升以上。在这里，小龙虾可以定时得到营养丰富的食物，避免四处游荡，生长发育较快。

3. 便于管理

由于网箱是一个活动的箱体，拆卸十分方便，因而可以根据不同的季节，不同的水体灵活布设。网箱占地不大，适宜在一片水域集中投喂、集中管理。如果发现虾病，还可以统一施药。养殖到一定阶段十分便于捕大养小，将达到商品规格的小龙虾及时送往市场。一方面可以均衡上市，另一方面疏散了网箱密度，促进个体小的小龙虾快速长成。

4. 产量高

网箱养小龙虾产量十分可观，据测算：网箱养小龙虾，每亩的产量相当于4公顷精养高产池塘的产量，经济效益相当高。

5. 风险大，投入高

和所有养殖业一样，网箱养小龙虾也存在风险。此种养殖是高度密集的，遇到虾病、气候突变等因素，造成的损失也很大。因此，想要网箱养虾，必须敢于承担风险，做好思想准备。

网箱养虾，一次性投入也比较高。如使用钢制框架和自动投饵设备，造价是非常昂贵的。另外，网箱养虾在饲料方面投入的资金是非常大的，正所谓"一日无粮，一天不长"。

二、网箱设置地点的选择

在选择设置网箱的地点时，必须认真考虑水深是否合适、水质是否良好、管理是否方便等问题。网箱养殖小龙虾的密度高，这些条件的优劣，是网箱养殖能否收到良好效果的关键。

1. 周围环境

应选择在避风、阳光充足、水质清新、风浪不大、比较安静、无污染、水量交换量适中、有微流水的地方设置网箱。此外，还要求网箱周围开阔，没有鼠，没有有毒物质等污染源。航道、坝前、闸口等水域都是要尽量避开的。

生产实践证明，在向阳背风的深水库湾安置网箱可以收到很好的养殖效果。一方面可以避免网箱在枯水期碰底，另一方面深水库湾处风浪小，小龙虾的应激反应会减少。不宜在以下地点安置网箱：有化肥厂、农药厂、造纸厂等污染源的库区上游水域，航道、码头附近的水域。

2. 水域环境

这种养殖模式适合于大水面水域，如江河、湖泊、外荡、水库等，满足水域底部平坦，淤泥和腐殖质较少，没有水草，深浅适中等条件。长年水位保持在 2~6 米，水域要宽阔，水位相对稳定，水流畅通，长年有微流水，流速 0.5~1.2 米/秒。此外，面积在 50 亩以上、水深在 2 米以上的较大池塘，透明度 1 米左右，pH 为7.0~8.5

的水域都可以进行网箱养殖。

3. 水质条件

水质要清新、无污染。水温以 18~26℃为宜。溶氧量在 5 毫克/升以上，其他水质指标要符合《GB 11607—89 渔业水质标准》。

4. 管理条件

要求电力通达，水路、陆路交通方便，离岸较近。

三、网箱的结构

养虾网箱种类很多。按敷设的方式分类，主要有 3 种，分别是：浮动式、固定式和下沉式。养殖小龙虾多选择开放式浮动网箱，这种网箱由箱体、框架、锚石和锚绳、沉子、浮子 5 部分组成。

1. 箱体

一般箱体面积为 5~30 米^2，为使养殖容量有所增加，一般深度为 1.5~2 米。网箱内部用宽 30 厘米的硬质塑料薄膜缝好。小龙虾具有很强的攀网能力，必须在箱上加设可开启的盖网，作为防逃设备。

小龙虾蜕壳时会互相残杀，为了防止这一现象可把网箱分层挂些网片，箱内投放 1/3 面积的作为掩体的水浮莲。

2. 框架

框架可承担浮力使网箱漂浮于水面，一般采用圆杉木或毛竹连接成内径与箱体大小相适应的框架，圆杉木或毛竹的直径为 10 厘米左右。如浮力不足，可加装塑料浮球来增加浮力。

3. 锚石和锚绳

重约 50 千克的长方形毛条石可以作为锚石。锚绳一般选择直径为 8~10 毫米的聚乙烯绳或棕绳，它的长度由设箱区最高洪水位的水深来确定。

4. 沉子

8~10 毫米的钢筋、瓷石或铁脚（每个重 0.2~0.3 千克）安装在网箱底网的四角和四周，即为沉子。每只网箱的沉子的总重量为 5 千克左右。网箱沉子使网箱下水后能充分展开，可以保证网箱实际使用的体积，并不磨损网箱。

5. 浮子

浮子一般均匀分布在框架上或集中置于框架四角，可增加浮力，用泡沫塑料或油筒等制成。

四、网箱的安置

安置网箱时，先将4根毛竹插入泥土中，然后把网箱四角用绳索固定在毛竹上，一定要保证网箱安置牢固。用绳索拴好四角用石块做的沉子，将其沉入水底，调整绳索的长短使网箱固定在一定深度的水中，这个深度还可以再调节。流速为0.5~1.2米/秒的水域最适宜安置网箱，安置深度根据季节、天气、水温而定：春秋季可放到水深30~50厘米的地方；7月、8月、9月可放到60~80厘米深的地方，因为这时天气热，气温高，水温也高。

网箱设置时要保证网箱有足够的水分交换量，还要保证管理操作方便。常见的设置方式有串联式和双列式两种。新开发的水域，网箱不能过密地排列。对于水面较开阔的水域，网箱可采用"品"字形、梅花形或"人"字形等排列方式，间距保持在3~5米，以便水体交换。串联网箱时每组5个网箱，组与组间距为5米左右，避免网箱相互影响。在一些以蓄、排洪为主的水域，网箱排列最好以整行、整列进行，以不影响流速与流量为原则。

五、放养前的准备工作

1. 饲料要储备

网箱养殖小龙虾，饲料全部由人工来投喂，几乎没有什么天然饵料。进箱后1~2天内就得给小龙虾苗种投喂饵料，因此，养殖者要事先把饲料准备好。饲料种类由小龙虾进箱的规格决定，小龙虾进箱规格小，就为其准备新鲜的动物性饲料；进箱规格大，则为其准备相应规格的人工颗粒饲料。

2. 网箱要到位

网箱的规格应根据进箱的虾种规格来确定。

3. 安全要检查

在下水前及下水后，应严格检查网箱的网体。发现有破损、漏洞等现象，要立刻进行修补，保证网箱是安全的。

六、虾种的放养

1. 入箱规格

网箱的养殖密度高，建议入箱的小龙虾规格在3厘米以上。投放小规格虾苗，即便投喂人工饵料，也存在着一个驯食的过程，以及虾苗对人工饲料不适应等问题。如果虾种经过驯食，进箱后就可以对其投喂人工饲料，虾种的生长也很快。

2. 入箱密度

小龙虾的放养密度，受水质条件、水流状况、溶氧高低、网箱的架设位置以及饲料的配方和加工技术等多种因素影响，放养时应综合予以考虑。一般的放养密度为每平方米500~750尾，如果水流畅通的话，养殖密度还可以高一点。

3. 放养时的注意事项

小龙虾从培育池中进入网箱，应注意以下事项：

第一，小龙虾进箱时水温应达到18℃左右，这样能更好地发挥网箱养殖的优势。同时每只网箱的小龙虾数量应一次放足。

第二，每只网箱应放养规格整齐、体质健壮的同一批苗种。如果苗种生长速度不一致，大小差异明显，可能会造成小龙虾相互残杀。

第三，进箱时温差不能太大，超过3℃就不行，应及时调节。

第四，阴天、刮风下雨时不宜放养小龙虾，最好选在晴天进箱。

第五，小龙虾的捕捞、装运和进箱等操作要快捷、精心细致，否则会使虾种受伤。

第六，为防止水霉菌和寄生虫的感染，应在虾种进箱前进行消毒。消毒的方法如食盐水消毒，用 30~50 克/升的食盐水浸洗 5~10 分钟或 0.5%食盐和 0.5%碳酸氢钠溶液浸洗虾体。浸洗时间的长短根据虾种的耐受能力而定。

七、科学投饲

1. 饵料种类

常见的饵料有植物性饵料、动物性饵料、配合饲料 3 种。在利用小网箱养殖小龙虾时，养殖户或养殖单位基本上都是投喂配合饲料。浮性颗粒饲料是配合饲料中最方便实用的，投喂效果很好。

2. 投喂量

小龙虾的日投喂量，主要根据小龙虾的体重和水温来确定。由于完全靠人工饲料生长，网箱养殖小龙虾比池塘养殖的饲料浪费量大一些，饲料的日投喂量也要比池塘养殖高 10%左右。具体的投喂量除了受天气、水温、水质、小龙虾的摄食强度和水体中天然饵料生物的丰度等因素影响外，也需要养殖者自己在生产实践中把握。通常在第二天喂食前先查一下前一天的喂食情况，如果没有剩余，说明基本上够吃；如果剩下不少，说明投喂量太大，此时要把饵料的量减下来。像这样 3 天后就可以确定投饵量了。如果一段时间没有捕捞，隔 3 天就要增加 10%的投饵量；如果捕捞时捕大留小，则要适当减少 10%~20%的投饵量。

3. 投喂方法

一般虾苗投放 2 天后就可对其投喂饵料，每天分上午、中午、傍晚 3 次投放。下午的投喂量应多于上午，傍晚的投喂量应是最多的，通常占全天投喂量的 60%~70%。

八、日常管理

管理的好坏，决定了网箱养虾的成与败。因此一定要有专人尽职尽责地管理网箱。网箱养殖的日常管理工作一般包括以下几个方面：

1. 巡箱观察

应在网箱安置前，对其仔细检查。虾种放养后更要勤检查，最好每天傍晚和第二天早晨分别进行检查。具体操作时将网箱的四角轻轻提起，仔细察看网衣是否有破损的地方。如遇洪水期、枯水期等水位变动剧烈的情况，要及时检查网箱的位置，并随时调整网箱的位置。大风会造成网箱变形移位，要及时进行调整，保证网箱原来的有效面积及箱距。水位下降时，要紧缩锚绳或移动位置。每天早、中、晚各巡视一次，检查网箱的安全性能，如有破损要及时缝补。此外，更要观察虾的动态，查看有无虾病的发生或异常现象，了解虾的摄食情况并清除残饵。检查有无疾病，一旦发现疾病要及时治疗。另外，网箱养殖时可在水源上游挂生石灰袋，可以起到调整水质、增加钙质、杀菌等作用。发现水蛇、鼠、鸟等敌害生物，应及时驱除杀灭。随时保持网箱清洁使水体交换畅通。此外，如发现有杂草、污物挂在网箱上，应及时清除。注意观察天气变化，大风来前要加固设备，日夜防守。

2. 控制水质

为与小龙虾的生产习性相适应，应保持网箱区间水体 pH 为 7~8。网箱在养殖期间应经常移动，每 20 天移动一次，每次移动的距离为 20~30 米，可降低细菌性疾病发生的概率。要确保水流交换顺畅，及时清除网箱上容易着生的藻类。要做好清除残饵的工作，捞出死鱼及腐败的动植物、异物，并对网箱进行消毒。

3. 虾体检查

定期检查小龙虾可掌握小龙虾的生长情况，这为给小龙虾投喂饲料提供了实际依据，也为产量估计提供了可靠资料。一般每月检查 1

次，分析存在的问题并及时采取补救措施。

九、网箱污物的清除

网箱要及时清理。网箱下水 3~5 天后，会吸附大量的污泥，不久还会附着水绵、双星藻、转板藻等丝状藻类或其他生物。这样网目就会被堵塞，直接影响水体的交换，非常不利于小龙虾的养殖。为此必须设法清除，保持水流畅通，避免或减少箱内污染。清洗网衣的方法有以下几种：

1. 人工清洗

如果网箱上的附着物比较少，可先用手将网衣提起，抖落污物，或将网衣浸入水中清洗便可。当附着物过多时，用韧性较强的竹片抽打，使其抖落也可。但应注意操作一定要细心，防止伤虾、破网。

2. 机械清洗

使用喷水枪、潜水泵，可以产生强大的水流，轻松地把网箱上的污物冲落。也有的养殖者把农用喷灌机安装在小木船上，另一船安装一吊杆，可以将网箱吊起来顺次对各个面进行冲洗。如果两个人操作，冲洗一个 60 米^3 的网箱只需 15 分钟，工效比手工刷洗提高 4~5 倍，还减轻了劳动强度，因此目前普遍采用这种方法。

3. 沉箱法

此法往往会影响到投饵和管理，对虾的生长不利，所以使用此法要因地制宜、权衡利弊再作决定。

一般在水深 1 米以下，各种丝状绿藻就难以生长和繁殖。根据这一点，将封闭式网箱下沉到水面以下 1 米处，就可以有效减少网衣上附着物的数量。

4. 生物清洗法

鲴、罗非鱼等鱼类喜欢刮食附生藻类，吞食丝状藻类及有机碎屑。如果网箱中适当投放这些鱼类，它们可以刮食网箱上附着的生物，就可使网衣保持清洁，水流畅通。采用这种生物清污物的方法，既能充分利用网箱内的饵料生物，又能使养殖种类、鱼的产量有所增加。

十、网箱套养小龙虾

选择适合的主养品种：在主养其他鱼类的网箱中，都可以套养适量的小龙虾，但鲤、罗非鱼、鲇、乌鳢、淡水白鲳等除外，它们不能与小龙虾一起套养。

小龙虾的放养时间：投放时间一般在主养鱼进箱后的 5~7 天，多在晴天的午后进行。

管理措施：管理工作同"第五节网箱养虾"是一样的。

第六节　小龙虾与经济水生作物的混养

我国华东、华南、西南地区有大片莲藕田、茭白田、慈姑田，这些田块离湖泊、河道、沟渠不远，有的就是由鱼塘改造而来，水源较充足，土质多为黏壤土，有机质丰富，水质肥沃，水生植物、饵料生物丰盛，水比一般稻田的水深，溶氧高，对小龙虾的生长十分有利。试验表明，小龙虾与莲藕、芡实、空心菜、马蹄、慈姑、水芹、茭白、菱角等水生经济植物进行科学混养，既可以充分利用池塘中的水体、空间、肥力、溶氧、光照、热能和生物资源等自然条件，还可将种植业与养殖业结合在一起，达到经济植物与小龙虾双丰收的目的。这是将种植业与养殖业相结合、立体开发利用的又一种好形式。但小龙虾可能会对莲藕、芡实等水生植物苗芽造成损害，要注意防范。

一、藕田藕池养殖小龙虾技术

在我国华东、华南地区，藕田藕池资源丰富。但实际上进行藕田藕池养鱼养虾的人很少，这使藕田藕池中的天然饵料生物被浪费，藕田藕池单位面积的综合经济效益也得不到充分体现。在藕田、藕池中饲养小龙虾，可以充分利用藕田、藕池水体、土地、肥力、溶氧、光照、热能和生物资源等自然条件，且将种植业与养殖业有机地结合起来，达到藕、虾双丰收。这与稻田养鱼养虾的情况有很多相似之处。

栽种莲藕的水体分为藕池与藕田两种：藕池多是农村坑塘，水深多在50~180厘米，栽培期为4~10月。藕叶遮盖整个水面的时间为7~9月；藕田是专为种藕修建的池子，池底大多经过踏实或压实，水浅，一般为10~30厘米，栽培期为4~9月。藕池的可塑性较小，利用藕池饲养小龙虾多采用粗放式饲养。藕田的可塑性较大，十分便于改造。利用藕田饲养小龙虾潜力较大。我们现在将着重介绍如何利用藕田饲养小龙虾的技术。

1. 藕田的工程建设

养殖小龙虾的藕田，必须达到水源充足、水质良好、无污染、排灌方便和抗洪、抗旱能力较强等条件。池中土壤呈中性至微碱性，同时阳光要充足，光照时间要长，浮游生物繁殖要快，其中以背风向阳的藕田最好。有工业污水流入的藕田，是坚决不能用来养殖小龙虾的。

养虾藕田主要包括加固加高田埂，开挖虾沟、虾坑，修建进、排水口和防逃栅栏3项建设。

（1）加固加高田埂。饲养小龙虾的藕田，要对池埂进行一定的加高、加宽和夯实。加固后的田埂应高出水面40~50厘米。用塑料薄膜或钙塑板在田埂四周修建防逃墙，最好还用塑料网布盖住田埂内坡，下部埋入土中20~30厘米，上部高出埂面70~80厘米；田埂基部加宽 80~100 厘米。每隔 1.5 米用木桩或竹竿支撑固定，网片上部内侧缝上宽 30 厘米左右的农用薄膜，形成"倒挂须"，以防止小龙虾攀爬外逃。

（2）开挖虾沟、虾坑。为了给小龙虾营造一个良好的生活环境，便于集中捕虾，需在藕田中开挖虾沟和虾坑。时间一般选在冬末或初春，并要求一次性建好。虾坑深 50 厘米，面积 3~5 米^2。

虾坑与虾坑之间，开挖深度为 50 厘米，宽度为 30~40 厘米的虾沟。虾沟可呈"十"字、"田"字、"井"字等形状。一般小田挖成"十"字形，大田挖成"田"字形或"井"字形。整个田中的虾沟与虾坑要相连。一般每亩藕田开挖一个虾坑，面积为 20~30 米^2。藕田的进水口与排水口要呈对角排列，进、排水口与虾沟、虾坑相通连接。

（3）进、排水口防逃栅。进、排水口安装竹箔、铁丝网等栅栏防逃，其高度应超出田埂 20 厘米。进水口的防逃栅栏要朝田内安置，呈弧形或"U"形安装固定，凸面朝向水流。注、排水时，如果水中渣屑多或藕田面积大，可设双层栅栏，里层拦虾，外层拦杂物。

2. 消毒施肥

藕田消毒施肥应安排在放养虾苗前 10~15 天，每亩藕田用生石灰 100~150 千克，生石灰要化水全田泼洒。选用其他药物，对藕田和虾坑、虾沟进行彻底清田消毒也可。饲养小龙虾的藕田应以施基肥为主，每亩施有机肥 1500~2000 千克；也可以选用化肥，每亩用碳酸氢铵 20 千克，过磷酸钙 20 千克。基肥要一次施入藕田耕作层内，施够量，减少日后施追肥的量和次数。

3. 虾苗放养

藕田放养的方式类似于稻田养虾，但藕田常年有水，放养量比稻田饲养时应稍大一些。直接放养亲虾：小龙虾的亲虾直接放养在藕田内，使其自行繁殖，放养规格为 20~40 只/千克的小龙虾 25~35 千克/亩。外购虾苗：放养规格为 250~600 只/千克小龙虾幼虾 1.5 万~2.0 万只/亩。

虾苗在放养前要用浓度为3%左右的食盐水浸洗消毒3~5分钟，具体时间应根据当时的天气、气温及虾苗本身的耐受程度灵活决定。采用干法运输的虾种离水时间较长，要将虾种在田水内浸泡1分钟，提起搁置2~3分钟，反复几次，虾种体表和鳃腔吸足水分后，就可以放养了。

4. 饲料投喂

藕田饲养小龙虾，投喂饲料同样要遵循"四定"的原则。投饲量根据藕田中天然饵料的多寡与小龙虾的放养密度而定。投喂饲料采取定点的办法，即在水位较浅，靠近虾沟、虾坑的区域，拔掉一部分藕叶，使其形成明水区的投饲区。投饲即在此区内进行。在投喂饲料的整个季节，遵守"开头少、中间多、后期少"的原则。

米糠、豆饼、麸皮、杂鱼、螺蚌肉、蚕蛹、蚯蚓、屠宰厂下脚料或配合饲料等都可直接投喂给小龙虾。饲料蛋白质的含量要保持在25%左右。6~9月是小龙虾生长旺期，水温适宜，一般每天投喂2~3次，时间为9：00—10：00、日落前后或夜间，日投饲量为虾体重的5%~8%；其余季节每天可投喂1次，在日落前后皆可，或根据小龙虾的摄食情况，次日上午补喂1次，日投饲量为虾体重的1%~3%。

饲料一般投在池塘四周浅水处，小龙虾集中的地方可适当多投，以利于其摄食，养殖者检查吃食时也方便。

投喂饲料时需注意：天气晴朗时多投；高温闷热、连续阴雨天或水质过浓时少投；大批虾蜕壳时少投；蜕壳后多投。

5. 日常管理

藕田饲养小龙虾能否成功取决于管理的优劣。灌水藕田饲养小龙虾，在初期宜灌浅水，水深10厘米左右。随着藕和虾渐渐长大，田水要逐渐加深到15~20厘米，以促进藕的生长。藕田灌深水时和藕的生长旺季，由于藕田补施追肥及水面被藕叶覆盖，水体因光照不足及水质过肥常呈灰白色或深褐色，水体缺氧在后半夜尤为严重。为了维持生存，小龙虾常会借助藕茎攀到水面，利用鳃直接呼吸空气。

在小龙虾饲养过程中，要注意调控水质，采取定期加水和排出部分老水的方法，保持田水溶氧量在 4 毫克/升以上，pH 为 7~8.5，透明度 35 厘米左右。每 15~20 天换 1 次水，每次换水量为池塘原水量的 1/3 左右。每 20 天泼洒 1 次生石灰水，每亩使用生石灰 10 千克。这可以有效改善水质，增加池水中钙离子的含量，有利于小龙虾蜕壳生长。养虾藕田主要施基肥，约占总施肥量的 70%，同时搭配适量化肥。施追肥时要看天气，气温低时多施肥，气温高时少施肥。为防止施肥对小龙虾生长造成影响，可采取先施半边、再施另外半边的方法。

6. 捕捞

可用虾笼等工具对小龙虾进行分期分批捕捞，也可一次性捕捞。一次性捕捞时，捕捞之前在虾坑、虾沟中集中投喂虾喜食的动物性饲料，同时可以采用逐渐降低水位的方法，将虾集中在虾坑、虾沟中进行捕捞。

二、小龙虾与芡实混养

芡实，又称"鸡头米"，性喜温暖，不能忍受霜冻、干旱，不能离水生存，全生育期为 180~200 天。在滨湖圩内，芡实是发展避洪农业的高产、优质、高效经济作物。它具有药用、保健的双重功效，市场销路好，发展潜力很大。安徽省的天长市天野芡实经济合作社，依据该市良好的气候条件和滨湖水资源条件，从 2002 年开始引种，现已获得成功。

1. 池塘准备

芡实池塘底泥厚 30~40 厘米，面积 3~5 亩，平均水深 1.0 米。开挖好围沟、虾坑，在高温、芡实池浅灌、追肥时可为小龙虾提供藏身之地，并可在投喂时观察其吃食、活动的情况。

芡实栽种池塘要求光照好，池底平坦，池埂坚实，进排水方便，不渗漏，水源充足，水质清新。水底土壤以疏松、中等肥力的黏泥为最好。酸性大的被污染的水塘不宜栽种芡实，带沙性的溪流也不宜栽种芡实。

2. 防逃设施

防逃设施简单，把硬质塑料薄膜埋入土中 20 厘米，露出土上的部分有 50 厘米就可以了。

3. 施肥

栽种芡实前的 10～15 天，要撒施发酵鸡粪等有机肥，每亩用 600～800 千克，耕翻耙平。然后用生石灰消毒，每亩用生石灰 90～100 千克。8 月盛花期追施磷酸二氢钾 3～4 次，可促进植株健壮生长。可用带细孔的塑料薄膜小袋装 20 克左右的速效性磷肥，施入泥下 10～15 厘米处，每次追肥还要注意位置的变换。

4. 芡实栽培

（1）种子播种。芡实春秋两季均可播种，9～10 月最为适宜，一定要适时播种。播种时，把新鲜饱满的种子撒在泥土稍干的塘内即可。在 3～4 月，春播种子不易均匀撒播，因为此时春雨多，池塘水易满。解决的方法为用湿润的泥土捏成小土团，每团掺入 3～4 粒芡实种子，按瘦塘 130～170 厘米，肥塘 200 厘米的距离投入一个土团。这样种子随着土团沉入水底，便可长出苗来。

（2）幼芽移栽。通常往年种过芡实的地方，来年不用再播种。因为芡实的果实成熟后会自然裂开，部分种子会散落塘内，来年便可萌芽生长。当叶浮出水面，直径为 15～20 厘米时便可移栽。移栽时连苗带泥取出，栽入池塘中，盖好泥土，使生长点露出泥面，根系自然舒展开，叶子漂浮在水面。以后随着苗的生长要逐步加水。

5. 水位调节

池塘的管理主要根据池水深浅来调节温度。芡实入池 10 余天到萌芽期，水深应保持在 40 厘米左右；随着分枝的旺盛生长，水深逐渐加深到 120 厘米；采收前 1 个月，水深又重新降低，降至 50 厘米。

6. 小龙虾的放养与投饵

在芡实池中放养小龙虾，放养时间、放养技巧、常规养殖等都是有规律可循的。一般放虾种要在芡实成活且长出第一片新叶后。为了提高小龙虾饲养的商品率，投放体长 2.5 厘米左右的小龙虾比较好，每亩投放 1500 尾。虾种下塘前用 3% 食盐水浸泡 5~10 分钟，同时每亩需搭配投放一些鱼类苗种，如鲫鱼种 10 尾、鳙鱼种 20 尾，规格为每尾 20 克左右。草食性鱼类则不宜混养（如草鱼、鲂）。

一般在虾种下塘后第 3 天开始投喂。把投饵点选在合适的虾坑，每天投喂 2 次，分别为 7：00—8：00 和 16：00—17：00。日投喂量为虾总体重 3% 左右，具体投喂数量根据天气、水质、虾吃食和活动情况还要有所变化。饲料一般为自制配合饲料，其主要成分包括豆粕、麦麸、玉米、血粉、鱼粉、饲料添加剂等，其中的粗蛋白质含量为 30%，粒径 2~5 毫米，饲料为浮性。饲料应定点投在饲料台上。

7. 注水

芡实幼苗浮出水面以后，要及时调节株行距。如果幼苗过密，就要拔掉一些，移往缺苗的地方。芡实的生长发育时期是不同的，对水分的要求自然也不同。因此田间管理的关键是调节水量。调节水量一般按照"春浅、夏深、秋放、冬蓄"的原则。春季水浅，阳光照射进来，可提高土温，利于幼苗生长；夏季水深，可促进叶柄伸长，6 月初水位升高到 1.2~1.5 米；秋季则要适当放水，能促进果实成熟；冬季蓄水可以使种子在水底安全过冬。尤其须注意的是，在不同时期注水时，一定要兼顾小龙虾的需水要求。

8. 防病

防病主要是针对芡实，其主要病害是霜霉病。可使用 500 倍代森锌液或代森铵粉剂。对于芡实的主要虫害蚜虫，可用 40% 乐果 1000 倍液喷杀。

三、小龙虾与茭白混养

1. 池塘选择

种植茭白、养虾应选择水源充足、无污染、排污方便、保水力强、耕层深厚、肥力中上等、面积在 1 亩以上的池塘。

2. 虾坑修建

沿埂内四周开挖宽 1.5~2.0 米、深 0.5~0.8 米的环形虾坑，较大池塘的中间还要适当开挖中间沟，中间沟宽 0.5~1 米，深 0.5 米。环形虾坑和中间沟内应投放适量草堆，草堆由轮叶黑藻、眼子菜、苦草、菹草等沉水性植物组成。塘边角还可用竹子固定扶植少量漂浮性植物（如水葫芦、浮萍等）。虾坑开挖的时间为冬春季节，茭白移栽结束后进行。总面积占池塘总面积的 8%，每个虾坑面积最大不超过 200 米^2。可均匀地多开挖几个虾坑，开挖深度为 1.2~1.5 米，位置选择在池塘中部或进水口处，虾坑的其中一边靠近池埂，以便于投喂和管理。开挖虾坑主要是为了在施用化肥、喷打农药时，让小龙虾有一个集中避害的地方；夏季水温较高时，小龙虾也可在虾坑中避暑；方便定点在虾坑中投喂饲料；便于检查小龙虾的摄食、活动及虾病情况；虾坑也可用来防旱、蓄水。在放养小龙虾前，要在池塘进排水口安装网拦设施。

3. 防逃设施

防逃设施很简单，把硬质塑料薄膜埋入土中 20 厘米，露出土上 50 厘米即可。

4. 施肥

每年 2~3 月种茭白前要施加底肥，可用腐熟的猪、牛粪和绿肥 1500 千克/亩，钙镁磷肥 20 千克/亩，复合肥 30 千克/亩。翻入土层内，耙平耙细，肥泥整合一下，即可移栽茭白苗。

5. 选好茭白种苗

在 9 月中旬至 10 月初，秋茭采收时进行选种，以浙茭 2 号、浙茭 911、浙茭 991、大苗茭、软尾茭、中介壳、一点红、象牙茭、寒头茭、梭子茭、小腊茭、中腊台、两头早为主。选择植株健壮、高度中等、茎秆扁平、纯度高的优质茭株作为留种株。

6. 适时移栽茭白

种植茭白一般用无性繁殖的方法，长江流域在 4~5 月间选择种株，生长整齐和茭白粗壮、洁白以及分蘖多的植株会被选中：用根茎分蘖苗切墩移栽，母墩萌芽高 33~40 厘米、茭白有 3~4 片真叶时将茭墩挖起，用利刃顺分蘖处劈开成数小墩，每墩带匍匐茎和健壮分蘖芽 4~6 个，将叶片剪去，保留下的叶鞘长 16~26 厘米。这时要减少蒸发，以利于提早成活，随挖、随分、随栽。株的行距按栽植时期、分墩苗数和采收次数而定。双季茭采用大小行种植，大行行距 1 米，小行 80 厘米，穴距 50~65 厘米，每亩 1000~1200 穴，每穴 6~7 苗。栽植方式以 45°角斜插最好，根茎和分蘖基部要入土，分蘖苗芽稍露出水面。定植 3~4 天后检查一次，栽植过深的苗稍将其提高一些，栽植过浅的苗宜再压下一些，一定要做好补苗工作，确保全苗。

7. 放养小龙虾

要在茭白苗移栽前 10 天对虾坑进行消毒处理。新建的虾坑放虾时，先用清水浸泡 7~10 天，再换新水继续浸泡 7 天，每亩可放养 2~3 厘米的小龙虾幼虾 5000~10000 尾。幼虾投放区应选在浅水及水葫芦浮植区。在虾种投放前为防虾病的发生，可用 3%~5% 的食盐水浸浴虾种 5 分钟。

8. 科学管理

（1）水质管理。茭白池塘的水位可根据茭白生长发育的特性灵活掌握。萌芽前灌浅水 30 厘米，以提高土温，促进萌发；栽后为促进成活，保持水深 50~80 厘米；分蘖前仍宜保持浅水 80 厘米，促进分蘖和发根；至分蘖后期，水深加至 100~120 厘米，控制无效分蘖。7~8 月高温期，宜保持水深 130~150 厘米，并做到经常换水降温，这样可以减少病虫危害，雨季宜注意排水。每次追肥前后几天，需放干或保持浅水，等肥被吸收入土后，再恢复到原来的水位。每半个月沿田边环形沟和田间沟一次投放多点水草。

（2）科学投喂。投喂小龙虾可以是自制混合饲料或购买的虾类专用饲料。也可投喂一些动物性饲料，如螺蚌肉、鱼肉、蚯蚓或捞取的枝角类、桡足类、动物屠宰厂的下脚料等，沿田边四周浅水区定点多点投喂。投喂量一般为虾体重的 5%~10%，采取"四定"投喂法，傍晚投料要占全日量的70%。每天投喂2次,8:00—9:00一次,18:00—19:00一次。

(3)科学施肥。由于茭白植株高大,需肥量大,应重施有机肥作为基肥。基肥常用人畜粪、绿肥。追肥多用化肥,宜少量多次,可选用尿素、复合肥、钾肥等,禁止使用碳酸氢铵;有机肥应占总肥量的70%;基肥在茭白移植前深施;追肥时应采用"重、轻、重"的原则。具体施肥分4个步骤:在栽植后10天左右,茭株长出新根成活时,施第一次追肥,每亩施人粪尿肥500千克,称为提苗肥;第二次在分蘖初期,每亩施人粪尿肥1000千克,以促进其生长和分蘖,称为分蘖肥;第三次追肥在分蘖盛期,如果植株长势较弱可适当追施尿素,每亩5~10千克,称为调节肥,如植株长势旺盛可免施追肥;第四次追肥在孕茭始期,每亩施腐熟粪肥1500~2000千克,称为催茭肥。

(4)茭白用药时,应对症选用高效低毒、低残留、对混养的小龙虾没有影响的农药,如杀虫双、叶蝉散、乐果、美曲膦酯、井冈霉素、多菌灵等。除草剂及毒性较大的呋喃丹、杀螟松、三唑磷、毒杀芬、波尔多液、五氯酚钠等是禁用的,也应慎用稻瘟净、马拉硫磷。一般粉剂农药在露水未干前使用,水剂农药在露水干后喷洒。严禁在中午高温时喷药,施药后必须及时换注新水。

孕茭期常见的虫害有大螟、二化螟、长绿飞虱等。养殖者应在害虫的幼龄期,用50%杀螟松乳油100克加水,每亩泼浇75~100千克。或用90%美曲膦酯和40%乐果1000倍液在剥除老叶后,逐棵用药灌心。立秋后会发生蚜虫、叶蝉和蓟马等虫害,可用40%乐果乳剂1000倍、10%叶蝉散可湿性粉剂200~300克加水,每亩喷洒50~75千克。茭白锈病可用1:800倍敌锈钠喷洒,效果良好。

9. 茭白采收

按采收季节,茭白可分为一熟茭和两熟茭。一熟茭又称单季茭,孕茭时间要等到秋季日照变短后,每年只在秋季采收一次。春种的一熟茭栽培时间早,每墩苗数多,采收期也早,一般在8月下旬至9月下旬采收。夏种的一熟茭一般在 9 月下旬开始采收, 11 月下旬结束采收。茭白成熟采收的标准是: 随着基部老叶的逐渐枯黄, 心叶逐渐缩短, 叶色转淡, 假茎中部逐渐膨大和变扁, 叶鞘被挤向左右。当假茎露出 1~2 厘米的称为"露白"的茭肉时, 采收最为适宜。夏茭孕茭时气温较高, 假茎膨大速度较快, 从开始孕茭至可采收一般 7~10 天即可完成; 秋茭孕茭时气温较低, 假茎膨大速度较慢, 从开始孕茭至可采收, 一般需要 14~18 天。不同的品种孕茭至采收期所经历的时间也不同。茭白采取分批采收, 一般每隔 3~4 天采收一次, 每次采收都要将老叶剥掉。茭白采收后, 应该用手把墩内的烂泥培到植株茎部, 这样既可以促进分蘖和生长, 又可以使茭白幼嫩而洁白。

10. 小龙虾收获

5 月开始, 可用地笼、虾笼对小龙虾进行捕捞。方法为将地笼固定放置在茭白塘中, 每天早晨将进入地笼的小龙虾收取上市即可。至 6 月底, 可放干茭白塘的水, 彻底捕捞小龙虾。有条件的, 实行小龙虾的两季饲养也不错。

四、小龙虾与菱角混养

菱角的别称为菱、水粟等, 属一年生浮叶水生草本植物。菱肉含淀粉、蛋白质、脂肪等。嫩果可生食; 老熟果含淀粉多, 可以熟食或加工制成菱粉。菱收获后, 菱盘可作为饲料或肥料使用。

1. 菱塘的选择和建设

选择菱塘时要看是否满足地势低洼、水源条件好、灌排方便等条件。一般以 5~10 亩的菱塘为宜。水深不超过 150 厘米、风浪不大、底土松软肥沃的河湾、湖荡、沟渠、池塘最适宜种植菱角。

2. 菱角的品种选择

菱角的品种很多, 有四角菱、两角菱、无角菱等。根据外皮的颜色, 可分青菱、红菱、淡红菱 3 种。馄饨菱、小白菱、水红菱、沙角菱、大青菱、邵伯菱等都属于四角菱。扒菱、蝙蝠菱、五月菱、七月菱等属于两角菱。无角菱则只有南湖菱一种。种植品种最好选择果大、肉质鲜嫩的水红菱、南湖菱、大青菱等。

3. 菱角栽培

（1）直播栽培菱角。在2米以内的浅水中种菱，一般多采用直播。当气温在12℃以上且比较稳定时播种，如长江流域，适合在清明前后7天内播种；京、津地区，可在谷雨前后播种。播种前要先催芽，芽长不要超过1.5厘米。播时还要先清池，把野菱、水草、青苔等清除掉。播种方式最好选择条播，播种时根据菱池地形，将其划成纵行，行距2.6~3米，每亩用种达20~25千克。

（2）育苗移栽菱角。直播出苗在水深3~5米的地方比较困难。即便出苗，苗也纤细瘦弱，产量不高。此时育苗移栽是一个很好的方法。苗地选在向阳、水位浅、土质肥、排灌方便的池塘，实施条播。育苗时，将种菱放在5~6厘米的浅水池中，5~7天换一次水，利用阳光保温催芽。发芽后将其移到繁殖田。茎叶长满后就可以进行幼苗定植，一束8~10株菱盘，用草绳扎好，用长柄铁叉住菱束绳头，栽植到水底泥土中。按株行距1米×2米或1.3米×1.3米定穴，每穴种3~4株苗，栽植密度要适宜。

4. 小龙虾的放养

在菱塘里放养小龙虾，与茭白塘放养小龙虾的方法基本上是一样的。在菱塘苗移栽前10天要对池塘进行消毒。在虾种投放时，用3%~5%的食盐水浸浴虾种5分钟，以防发生虾病。同时配养其他鱼类，如15厘米长的鲢、鳙，或7~10厘米长的鲫30尾。

5. 菱角塘的日常管理

在菱角和小龙虾的生长过程中，菱塘管理要着重做好以下几个方面的工作：

（1）建菱垄。直播的菱苗出水后，或菱苗移栽后，要立即建菱垄。目的是防止风浪冲击和杂草漂入菱群。具体方法为在菱塘外围打下木桩。木桩长度依据水的深浅而定，一般要求入土30~60厘米，出水 1 米，木桩之间围捆草绳，绳的直径为 1.5 厘米，绳上系水花生，每隔 33 厘米系一段。

（2）除杂草。菱塘中的槐叶萍、水鳖草、水绵、野菱等要及时清除。由于菱角对除草剂敏感，必要时可进行手工除草。

（3）水质管理。移栽前要清除杂草水苔，捕捞草食性鱼类，对水域进行清理。为提高产品质量，灌溉水一定要清洁无污染。生长过程中水层不应变化过大，否则分枝成苗率会受到影响。移栽后一直到 6 月底，保持水深在 20~30 厘米，增温促蘖，每 15 天换一次新水。7 月后气温逐步升高，菱塘水深也应逐步增加到 45~50 厘米。在盛夏可将水逐渐加深到 1.5 米，最深不要超过 2 米。采收时为方便操作，应降低水深，一般降至 35 厘米左右。7 月开始，每隔 7 天必须换一次水，保证菱塘的水质清洁。红菱开花至幼果期，更要注意水质。

（4）施肥。栽后 15 天左右，菱苗基本成活。每亩撒施可提苗的尿素 5 千克，1 个月后猛施促早开花的磷酸二铵，每亩施 10 千克，争取前期产量。初花期可在叶面喷施磷、钾肥。方法是在 50 千克水中加 0.5~1 千克过磷酸钙和草木灰。浸泡一夜后，取出澄清液，每隔 7 天喷一次，共喷 2~3 次。一般在 8：00—9：00 和 16：00—17：00 喷肥最好。等全田 90% 以上的菱盘都结出 3~4 个果角时，再施入三元复合肥 15 千克，这称为结果肥。以后每采摘一次即施入复合肥 10 千克左右，连施 3 次，防止早衰。

（5）病虫害防治。菱叶甲、菱金花虫等是菱角面临的主要虫害。初夏雾雨天后，虫害增加更多，农药防治一般用 80% 杀虫单 400 倍液、18% 杀虫双 500 倍液。如果发现蚜虫，可用 10% 吡虫啉 2000 倍液进行喷杀。

菱角的病害主要是菱瘟、白烂病等。这些病害在闷热湿度大的时候最易发生。防治方法为：①农业防治，即勤换水，保持水质清洁，在初发时，及时摘除、晒干烧毁或深埋病叶；②化学防治，发病时，用 50% 甲基硫菌灵 1000 倍液或 50% 多菌灵 600~800 倍液喷雾，从始花期开始，每隔 7 天喷一次，连喷 2~3 次。

（6）加强投喂。根据季节的不同辅喂精料，如菜饼、豆渣、麦麸皮、米糠、蚯蚓、蝇蛆、颗粒料和其他水生动物等。也可投喂自制混合饲料或购买的虾饲料。投喂时要定时定量。投喂量一般为虾体重的 5%~10%，采取"四定"的投喂法，傍晚投料占全日投喂量的 70%。

6. 菱角采收

菱角采收从处暑、白露开始，一直到霜降结束。每隔 5~7 天采收一次，共采收 6~7 次。采菱时，要以"三轻"和"三防"为原则。"三轻"是指：提盘要轻，摘菱要轻，放盘要轻。"三防"是指：一防猛拉菱盘，使植株受伤，老菱落水；二防采菱速度不一，漏采老菱，老菱被船挤落水中；三防老嫩一起采。总的原则是老嫩分清，要将老菱采摘干净。

五、小龙虾与菱角、河蚌混养

小龙虾与菱角、河蚌混养，方式和小龙虾与菱角混养基本一致，不同的一点是河蚌的投放。一般根据目的的不同投放模式有所差异：如果为了吊挂珍珠，可投放褶纹冠蚌、三角帆蚌或日本池蝶蚌，投放时密度稀一点，每亩投放 1000 只；如果为了在春节前后为市场提供菜蚌，或为小龙虾提供动物性饵料，最好投放已经发育的亲蚌或大一点的种蚌，每亩可投放 300~400 千克。

六、水芹田养殖小龙虾

用水芹菜地生态养殖小龙虾，是一种新的养殖模式。8 月之前在池塘养殖小龙虾，8 月至翌年 2 月种植水芹，种、养结合。利用小龙虾和水芹菜生长高峰期的时间差，在小龙虾生长的非高峰期种植水芹菜，一是可以利用芹菜吸肥能力强的特点，板结淤泥，减少池塘有机质；二是利用芹菜生长期留下的残叶，提供优越的条件以便小龙虾越冬和生长。水芹一般在春节前后上市销售，很大程度上提高了池塘的经济效益。目前，这种养殖模式正受到越来越多的养殖户青睐。

1. 水芹种植

（1）整地与施肥。先要排干田水，每亩施入腐熟的有机肥1500～2000千克。耕翻土壤，深耕10～15厘米；旋耕碎土，精耙细平，使田面达到光、平、湿润的效果。

（2）催芽与排种。通常在8月上旬，日均气温达到27～28℃时，开始催芽。从留种田中将母茎连根拔起，理齐茎部，除去杂物。用稻草捆成直径为12～15厘米的小束，剪除无芽或只有细小芽的顶梢。将捆好的母茎交叉堆放于接近水源的阴凉处，堆底先垫一层稻草或用硬质材料架空，通常垫高10厘米，堆高和直径不超过2米，堆顶盖稻草。每天早晚洒浇凉水1次，降温保湿，保持堆内温度20～25℃，促进母茎各节叶腋中休眠芽萌发。每隔5～7天，上午凉爽时翻堆1次，冲洗去烂叶残屑。种株80%以上腋芽萌发长度为1～2厘米时，即可排种。

排种时间一般安排在8月中、下旬，阴天或晴天16：00以后进行。将母茎基部朝外，梢头朝内，沿大田四周进行环形排放，整齐排放1～2圈后，进入田间排种，茎间距5～6厘米。母茎基部和梢部相间排放，并拿少量淤泥压住。

（3）水肥管理。移植时如果田面保持无水状态，可利于菜苗扎根。25天后可逐渐加水，但高度要低于水芹栽种的高度。水位管理分3个阶段。萌芽生长阶段：排种后日均气温仍在24～25℃，最高气温达30℃以上，田间保持湿润而没有水层。如果遇到暴雨，应及时抢排积水。排种后15～20天，当大多数母茎腋芽萌生的新苗已生出新根并放出新叶时，排水搁田1～2天，以使土壤稍干或出现细丝裂纹。搁田后还须复水，灌浅水3～4厘米。旺盛生长阶段：随植株的生长要逐步加深水层，使田间水位保持在植株上部3厘米左右，有3

张叶片露出水面，这将有利于正常生长。生长停滞阶段：当冬季气温降至0℃以下时，要灌入深水，以水灌至植株全部没顶为宜。气温回升后立即排水，仍要保持部分叶片露出水面的状态。与此同时要搞好追施肥料工作。搁田复水后施好苗肥，一般每亩施放25%复合肥10千克，或腐熟粪肥1000千克。以后按照苗的生长情况追肥1~2次，每次用尿素3~5千克/亩。

（4）定苗除草。植株高度达到5~6厘米时，即可进行匀苗和定苗。定苗的株间距保持在4~5厘米，同时清杂草。

（5）病虫害防治。斑枯病以及蚜虫、飞虱、斜纹夜蛾等是水芹面临的主要病虫害。预防斑枯病采用搁田、匀苗、氮磷钾配合施肥等较为有效。采用灌水漫虫法可除蚜虫，即灌深水到植株全面没顶，用竹竿将漂浮在水面的蚜虫及杂草围赶到出水口，清出田外。整个灌、排水过程，只需3~4个小时。根据查测病虫害发生的情况，选用合适的药物，采用喷雾方法进行防治。

（6）采收。水芹栽植后80~90天，即可陆续采收，直至翌年1~2月采完为止。采收时将植株连根拔起，用清水把污泥冲洗干净，黄叶和须根要剔除掉，并切除根部，理整齐捆扎好，鲜菜装运即可上市。水芹收割时，留下30~50厘米沿池（田）边的水芹，可作为小龙虾的防护草墙和栖息隐蔽场所。

2. 水芹田改造工程

在水芹田四周要开挖环沟和中央沟，沟宽1~2米，沟深50~60厘米。开挖的泥土可用以加固池（田）埂，池埂高1.5米，压实夯牢，直到不渗不漏为止。水源充足，溶氧5毫克/升以上，pH为7.0~8.5。排灌方便，进、排水分开。用铁丝、聚乙烯双层密眼网把进排水口扎牢封好，否则，虾会发生逃逸现象，敌害生物也会侵入虾池。同时，要配备水泵、增氧机等机械设备，每5亩配备1.5千瓦的增氧机一台。

3. 放养前准备

（1）清池消毒。虾池水深10厘米，每亩用15~20千克的茶粕清池消毒。

（2）水草种植。可选择的水草品种有苦草、轮叶黑藻、马来眼子菜、伊乐藻等沉水植物，也可用水花生或水蕹菜（空心菜）等水生植物。水草种植面积占虾池总面积的30%。

（3）施肥培水。虾苗放养前的7天，每亩可施腐熟有机肥如鸡粪150千克，来培育浮游生物。

4. 虾苗放养

苗种繁育池的改造、水芹防护草墙的构建、水草的移植等手段为小龙虾营造了良好的苗种生态环境。按照小龙虾的交配繁殖习性，秋季雌雄亲虾按照1.5∶1的比例放养40千克/亩左右，经过强化培育，入冬前适当降低繁育池水位，到开春后即可适时放水繁育苗种，每亩产幼虾预计达20万尾。4~5月，每亩放养规格为250~600尾/千克的幼虾1.5万~2万尾。选择晴朗天气放养。放养前先取池水试养虾苗，同时虾苗放养时温差应小于2℃。

5. 饲养管理

（1）饲料投喂。绞碎的米糠、豆饼、麸皮、杂鱼、螺蚌肉、蚕蛹、蚯蚓、屠宰厂下脚料或配合饲料等都可作为小龙虾的饲料使用。实际生产中，根据小龙虾不同的生长阶段投喂不同的产品，保证饲料的营养与适口性，坚持"四定""四看"的投饵原则。日投喂量为虾体重的3%~5%，分两次投喂。8∶00的投饲量占日投喂量的30%，17∶00投饲量占70%。

（2）水质调控。

①养殖池水。养殖前期（4~5月），水体要保持一定肥度。水的透明度控制在25~30厘米。中后期（6~8月）应加换新水，如果水质老化会使水中溶氧不足，透明度控制在30~40厘米，溶解氧保持在4毫克/升以上，pH在7.0~8.5。

②注换新水。养殖前期无需换水，每7~10天加注新水一次，每次换水量为10~20厘米；中后期每15~20天注换新水一次，每次换

水量 15~20 厘米。

（3）日常管理。每天早、晚各巡塘一次，观察水色变化、虾的活动和摄食情况；检查池埂有无渗漏，防逃设施完好与否。生长期间，一般每天凌晨和中午各开一次增氧机，每次 1~2 小时，当遇到雨天或气压低的情况，要适当延长开机时间。

6. 病害防治

以"以防为主、综合防治"为原则，如发现小龙虾患有疾病，应对症下药，及时治疗。

7. 捕捞收获

7 月底 8 月初，在环沟、中央沟设置地笼捕捞。还有一种方法是在出水口设置网袋，排水捕捞，最后排干田水进行小龙虾的捕捉。捕捞的小龙虾可以分规格及时上市或作为虾种出售。

七、小龙虾与慈姑混养

慈姑原产于我国东南地区，也称剪刀草、燕尾草，喜温暖的水温，现南方各省均有栽培，以珠江三角洲及太湖沿岸最多。慈姑既是一种蔬菜，也是水生动物的好饲料。它的种植时间和小龙虾的养殖时间同步，作用与水草相同。二者在生态效益上也是互惠互利的。在许多慈姑种植地区，慈姑和小龙虾混养的模式，已开始成为当地主要的种养方式之一，效果明显。

1. 慈姑栽培季节

慈姑的育苗时间一般在 3 月，苗期 40~50 天。6 月假植，8 月定植，定植时期为寒露至霜降，12 月至翌年 2 月可以采收。

2. 慈姑品种的选择

生产中一般选用早熟、高产、质优的慈姑品种，如青紫皮或黄白皮等。主要有广东白肉慈姑、沙姑；浙江海盐沈荡慈姑；江苏宝应刮老乌（又称紫圆）、苏州黄（又称白衣）；广西桂林白慈姑、梧州慈姑等。

3. 慈姑田的处理

慈姑田以 5 亩为宜，确保水源充足，排灌方便，进排水分开，可用 60 目的网布将进排水口扎好，否则会有小龙虾从水口逃逸，外源性敌害生物也会趁此侵入。水田耕作层为 20~40 厘米，土壤软烂、疏松、肥沃，含有机质多的田地。田地以长方形最好，供小龙虾打洞的田埂较多。按稻田养殖方式在田块周围开挖环沟和中央沟，沟宽 1.5 米，深 75 厘米。开挖的泥土可用于加固池埂，主要作用则是放在离沟 5 米左右的田地中，做成一条条小埂，埂宽 30 厘米，长度不限。除了小埂外，田内其他部位要平整，以方便慈姑种植，溶氧量要保持在 5 毫克/升。

4. 培育壮苗

慈姑以球茎繁殖，各地都可育苗移栽。按利用球茎部位不同，可分为以球茎顶芽繁殖和以整个球茎育苗两种。生产上一般都是利用整个球茎或球茎上的顶芽进行繁殖。无论繁殖方法为何种，都要选用成熟、肥大端正、具有本品种特性、顶芽粗短而弯曲的球茎作种。

3 月中旬，可选择背风向阳的田块作育苗床，每亩施腐熟厩肥 1000 千克作基肥，将其耙平，按东西向建成宽 1 米的高畦，浇水使床土湿润。

取出留种球茎的顶芽，用窝席圈好，或放入箩筐内，上面覆盖湿稻草，干时洒点水，晴天置于阳光下取暖，温度保持在 15℃ 以上，经 12 天左右出芽后，即可用来播芽育苗。4 月中旬播种育苗。选用球茎较大、顶芽粗细在 0.5 厘米以上的作种，将顶芽稍带球茎切下，栽于秧田，插播规格可取 10 厘米×10 厘米，此时要将芽的 1/3 或 1/2 插入土中，以免秧苗浮起。插顶芽后水深保持 2~4 厘米，10~15 天后开始发芽生根。顶芽发芽生根后长成幼苗，在幼苗长出 2~3 片叶时，适当追施稀薄腐熟人粪尿或化肥 1~2 次，促使姑苗生长健壮整齐。40~50 天后，具有 3~4 片真叶、苗高 26~30 厘米时，就可移栽定植到大田了。每亩用顶芽 10 千克，可供 15 亩大田栽插之用。

5. 定植

应选择在水质洁净、无污染源、排灌方便、富含有机质的黏壤土水田种植，深翻约 20 厘米，每亩施腐熟的有机肥 1500 千克，并配合草木灰 100 千克、过磷酸钙 25 千克为基肥，翻耕耙平，灌浅水后即可种植。按株行距 40 厘米×50 厘米、每亩 4000~5000 株的要求定植。栽植前将秧苗连根拔起，保留中心嫩叶 2~3 片，摘除外围叶片，仅留叶柄，以免种苗栽下后头重脚轻，遇到风雨浮于水面。栽时用手捏住顶芽基部，将秧苗根部插入土中约 10 厘米，顶芽必须向上，只要使顶芽刚刚稳入土中就行，过深则会导致发育不良，过浅易因风吹而摇动，将根旁空隙填平，并保持 3 厘米水深。同时在田边栽植预备苗，以备补缺之用。

6. 肥水管理

养小龙虾的慈姑田，生长期以保持浅水层 20 厘米为宜，既防干旱时茎叶落黄，又能尽可能地满足小龙虾的生长需求。水位调控以"浅—深—浅"为原则。前期苗小，应灌浅水 5 厘米左右；中期生长旺盛，应适当灌深水至 30 厘米，并注意勤换清凉、新鲜的水，以降温防病；后期气温逐渐下降，匍匐茎又大量抽生，是结姑期，应维持田面 5 厘米的浅水层，有利于结慈姑。

慈姑施肥时以基肥为主，追肥为辅。追肥根据植株生长情况而定，前期以氮肥为主，促进茎叶生长；后期增施磷、钾肥，利于球茎膨大。一般在定植后 10 天左右，可追施第一次肥，每亩施腐熟人粪尿 500 千克，或每亩施尿素 7 千克，在距离植株 10 厘米处点施，或点施 45%三元复合肥，生长可更快。播植后 20 天结合中耕除草，在植后 40 天进行第二次追肥，每亩施腐熟人粪尿 400 千克，或每亩撒施尿素 10 千克、草木灰 100 千克，或花生麸 70 千克，以促株叶青绿，球茎膨大。第三次追肥在立冬至小雪前施下，称为"壮尾肥"，可促进慈姑快速结姑。每亩施腐熟人粪尿 400 千克，或尿素 8 千克、硫酸钾 16 千克，或 45% 三元复合肥 35 千克。第四次在霜降前重施壮姑肥，每亩用尿粪 10 千克和硫酸钾 25 千克混匀施下，或施 45% 三元复合肥 50 千克。此次追肥要快，不要拖延，施得太迟会导致后期生长缓慢，达不到壮姑效果。

7. 除草、剥叶、圈根、压顶芽头

从慈姑栽植至霜降前，要耘田、除杂草 2~3 次。在耘田除草时，要进行剥叶（即剥除植株外围的黄叶，只留中心绿叶 5~6 片），以改善通风透光条件，减少病虫害发生。

圈根的具体做法为在霜降前后 3 天，在距植株 6~9 厘米处，用刀或用手插入土中 10 厘米，转割一圈，把老根和匍匐茎割断。目的是使养分集中，促进新匍匐茎的生长，促使球茎膨大，提高产量和质量。

种植过迟的慈姑不宜圈根，应用压顶芽头的方式。压头一般在 10 月下旬霜降前后，把伸出泥面的分株幼苗，用手斜压入泥中 10 厘米深处，以压制地上部分生长，促地下部分膨大成大球茎。

8. 小龙虾放养前的准备工作

（1）清池消毒。方法与剂量和"第四章第一节池塘养殖小龙虾"一样。

（2）防逃设施。安置防逃设施对于养殖小龙虾是必不可少的。下雨天或其他原因会导致小龙虾逃逸。防逃设施要在放虾前 2 天做好，材料多种多样，可以就地取材。最经济实用的是把 60 厘米的纱窗埋在埂上，入土 15 厘米，在纱窗上端缝一块宽 30 厘米的硬质塑料薄膜。

（3）水草种植。有慈姑的区域不需要种植水草。但是在环沟里，就需要种植水草。这些水草可以帮助小龙虾度过盛夏高温季节。优选的水草品种包括轮叶黑藻、马来眼子菜和光叶眼子菜，其次为苦草和伊乐藻，水花生和空心菜也可以。种植水草的面积应占整个环沟面积的 40% 左右。

（4）放肥培水。在小龙虾放养前一周左右，可在虾沟内每亩施加经腐熟的有机肥 200 千克，以培育供小龙虾摄食的浮游生物。

9. 虾苗放养

虾农在慈姑田里放养小龙虾，7 月底到 9 月初就可以放养抱卵小龙虾。

10. 饲养管理

（1）饲料投喂。小龙虾养殖期间，除可利用慈姑的老叶、浮游生物和部分水草外，还要投喂一些饲料，具体的投喂种类和投喂方法与"第三章第三节幼虾的培育"介绍一致。

（2）池水调节。抱卵亲虾入池后，不要轻易改变水位，任其打洞穴居，所有事宜按慈姑的管理方式进行调节。为了促进小龙虾蜕壳生长并保持水质清新，必须定期加注新水。第二年 4~5 月，水位应控制在 50 厘米左右。这期间每 10 天注冲一次水，每次 10~20 厘米。6 月以后则要经常换水或冲水，防止水质老化或恶化，水的 pH 保持在 6.8~8.4。

（3）生石灰化水泼洒。为了有效地促进小龙虾蜕壳，每半月可用生石灰化水泼洒一次，每次用生石灰的量为 15 千克/亩。

（4）加强日常管理。小龙虾生长期间，养殖者必须每天坚持巡塘，早、晚各一次，主要是观察小龙虾的生长情况以及检查防逃设施，看看池埂有无因小龙虾打洞造成的漏水情况。

11. 病害防治

小龙虾病害防治的首要任务为预防敌害，如水蛇、鼠、鸟等。其次，发现疾病或水质恶化时要及时处理。

另外，因为慈姑是小龙虾的饲料，所以也应保证慈姑的健康生长。慈姑的病害主要是黑粉病和斑纹病。发病初期，黑粉病的解决办法为：用 25% 的粉锈宁兑水 1000 倍或 25% 的多菌灵兑水 500 倍交替防治。斑纹病的解决办法为：用 50% 代森锰锌兑水 500 倍或 70% 的甲基硫菌灵兑水 800~1000 倍交替防治。

第七节 大水面增养殖小龙虾技术

一些面积较大的水体，如浅水湖泊、草型湖泊、沼泽、湿地以及季节性沟渠等，虽然不利于鱼类养殖，却可以放养小龙虾。放养方法为7~9月每亩投放经挑选的小龙虾亲虾18~20千克，平均规格40克以上，雌雄性比（2~1）∶1。第二年的4~6月开始用地笼、虾笼捕捞，捕捞时捕大留小。每年亩产商品虾可达50~75千克，好处是以后每年均可收获，无需放种。此种模式需注意的是：捕捞千万不能过度，一旦捕捞过度，必然会降低来年的产量，那时就不得不补充放种。该模式虽然不需投喂饲料，水体中的水生植物的生长还是要注意的，它们可保证小龙虾有充足的食物。定期往水体中投放一些带根的沉水植物即可。

一、养殖地点的选择及设施建设

1. 地点选择

选择地点时优先选择水草资源茂盛、湖底平坦、常年平均水深在0.4~0.6米的湖泊浅水区。没有污染源，既不影响蓄洪、泄洪，又不妨碍交通。在这样的地方进行小龙虾的增养殖，能达到预期的养殖效果。

2. 设施建设

在选好的养殖区四周用毛竹或树棍作桩，塑料薄膜或密眼聚乙烯网可作为防逃设施材料。参照网围养蟹的要求，建好围栏养殖设施，简易一些也没有关系。一般每块网围养殖区的面积在30亩左右，也有几百亩的大块网围区。

二、虾种放养

1. 放养前的准备工作

（1）清障除野。清除养殖区内的其他障碍物，如小树、木桩等。凶猛鱼类、敌害生物等也要彻底清除。

（2）采用生石灰或其他药物实现彻底消毒。

（3）可适量移栽或改良一些水生植物，设置聚乙烯网片、竹筒等，为虾种增设栖息隐蔽场所。

2. 虾种放养

虾种放养一般分秋冬放养和夏秋放养两种。

（1）秋冬放养。11~12月，放养以当年培育的虾种为主。虾种规格必须在3厘米以上，同时还要求规格整齐、体质健壮、无病无伤，每亩放养4000~6000尾。

（2）夏秋放养。放养如果以虾苗或虾种为主，每亩可放养虾苗1.2万~1.5万尾，或放养虾种0.8万~1万尾。在5~6月直接放养成虾也是可以的，规格为25~30克/只，每亩网围养殖区放养3~5千克，雌、雄配比要恰当。通过饲养管理，促其交配产卵，孵化虾苗，实现增、养结合。

三、饲养管理

1. 饵料投喂

小型湖荡养殖小龙虾，小龙虾主要的食物是天然饵料。在虾种、成虾放养初期，适量增设一些用小杂鱼加工成的动物性饵料即可。此外，11~12月也应补投一些动物性饵料，来弥补天然饵料的不足。如果小龙虾实行精养，由于放养的虾种数量较多，就可参照池塘养殖小龙虾方式进行科学投饵。

2. 防汛防逃

在小型湖荡养殖小龙虾，最怕的是汛期陡然涨水，或大片水生植物漂流下来造成的围栏设施垮塌。提前做好防汛准备十分重要，准备好防汛器材，及时清理漂浮于上游的水生植物，加高加固围栏设施。汛期安排专人值班，每天检查设施安全。

3. 清野除害

小型湖荡由于水面大，围栏设施也比较简陋，凶猛鱼类以及其他敌害、小杂鱼等很容易进入。这些敌害和小杂鱼会危害小龙虾，并与之争夺食物、生存空间，影响小龙虾的生长。养殖者要定期组织小捕捞，捕出侵入的凶猛鱼类和野杂鱼。

四、成虾的捕捞

6~7月，商品虾的捕捞就可以进行了。捕捞工具主要采用地笼网、手抄网、拖虾网等。捕捞时应根据市场需求，有计划地起捕上市，才能实现产品增值。同时，留下一部分亲虾，让其交配、产卵、孵幼，为下一年小龙虾成虾的养殖提供足够的优质种苗。

第五章 水草栽培

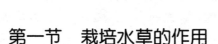

第一节 栽培水草的作用

水草的多少，对于养虾是否成功非常重要。因为水草能为小龙虾的生长发育提供极为有利的生态环境，还可提高苗种成活率和捕捞率，使生产成本降低，增产增效作用显著。调查显示，种植水草的池塘比没有水草的池塘小龙虾产量高，且一般高 25% 左右，每只规格增大 2~3.5 克，每亩效益可增加 150 元左右，因此，水草养虾效益明显。

水草在小龙虾养殖中的作用具体表现在以下几点：

1. 模拟生态环境

虾的自然生态环境离不开水草，有"虾大小，看水草""虾多少，看水草"的说法，意为水草的多少直接影响着小龙虾的生长速度和肥满程度。在池塘中种植水草可以模拟和营造一种生态环境，使小龙虾产生类似"家"的感觉，是小龙虾不可或缺的栖息、隐蔽和摄食场所，有利于小龙虾快速适应环境，并实现快速生长。

2. 提供丰富的天然饵料

作为小龙虾重要的营养来源和优质的适口饵料，水草营养丰富，富含蛋白质、粗纤维、脂肪、矿物质和维生素等多种小龙虾需要的营养物质。池中的水草不但为小龙虾生长提供了大量的天然优质的植物性饵料，弥补了人工饲料不足，同时还降低了生产成本。水草中含有大量的活性物质，经常食用水草，能促进小龙虾胃肠功能的健康。小龙虾喜食的水草还有鲜、嫩、脆的特点，这些水草便于取食，适口性很强。水生植物的大量生长，还会招来一批昆虫、小鱼、蠕虫等，又为虾提供了优质天然的动物性饵料。

3. 净化水质

水草丰富、水质清新的环境是小龙虾最为喜欢的。通过水草的光合作用，池塘中的二氧化碳、硫化氢和其他无机盐类被有效吸收，水中的氨氮降低，同时还起到了增加溶氧、净化和改善水质的作用，使水质保持了新鲜、清爽的特点，为小龙虾提供了生长发育的适宜环境，有利于小龙虾的快速生长。另外，净化水质对水体的 pH 有一定的稳定作用。

4. 隐蔽藏身

小龙虾喜弱光、怕强光，喜安静、怕惊扰。水草为其提供了一个理想的供隐蔽的安静的生活环境。

小龙虾喜欢在水位较浅、水体安静的地方蜕壳。在池塘中种植水草可形成水底森林，正好能满足小龙虾这一生长特性。它们常常攀附在水草上，大面积种植水草，既为小龙虾提供了安静的环境，又能缩短小龙虾的蜕壳时间，减少小龙虾的体能消耗，提高水草成活率。小龙虾蜕壳后成为"软壳虾"，抵御能力不足，极易被敌害侵袭，水草可帮助其隐蔽，使其不易被其同类及鼠、水蛇等敌害发现，使因敌害侵袭而造成的损失降到最低。

5. 提供攀附物

淡水虾类是底栖、攀附生活的动物，即使扩大水域中的浅滩也不能满足其栖息需要，在水体中设置供其攀附的空间是必须要进行的，种养水草就是一种比较好的方法。

小龙虾的攀爬习性在阴雨天表现明显。如果在养虾塘中仔细观察，可以看到水体中的水葫芦、水花生等的根茎部爬满了小龙虾，小龙虾将头露出水面呼吸。因此，可以说水体中的水草为小龙虾提供了呼吸攀附物。另外，小龙虾蜕壳时也可以攀缘附着在水草上，这样就固定了身体，缩短了蜕壳时间，减少了体力消耗。

6. 调节水温

丰富的水草能为小龙虾遮阴降温，有利于虾的摄食生长。

小龙虾在水温20~30℃时生长最好。池中种植水草，冬天可以防风避寒；在炎热夏季，水草成为小龙虾凉爽安定的隐蔽、遮阴、歇凉的理想空间，能遮住阳光直射，还可控制池塘水温的急剧升高，使小龙虾在高温季节正常摄食、蜕壳、生长。这对提高小龙虾成品的规格帮助很大。

7. 防病

水草对小龙虾有十分重要的药理作用，对提高养殖虾的免疫功能很有效果。如空心莲子草（即水花生）能较好地抑制细菌和病毒，轻微得病的小龙虾可以自行觅食，自我治疗，效果较好。

8. 提高成活率

水草可以扩展水体的立体空间，疏散小龙虾的密度，防止和减少局部小龙虾因密度过大而发生格斗和蚕食现象，避免小龙虾不必要的伤亡。水草还能使水体保持水质清新，增加水体透明度，稳定pH，使其保持中性偏碱，满足小龙虾蜕壳生长的需要，提高小龙虾的成活率。

9. 提高品质

水草能有效提高商品虾的品质。一般水草多的池塘，养出来的小龙虾品质也较好。养殖水体中如果没有水生植物，虾就主要生活在池底淤泥之中，并把淤泥中的腐殖质当作主食，这会使虾甲壳、步足呈黑色，腹部有黑褐色水锈，肉质较松散，口味较差，价格受到明显的影响。

由于平时在水草上攀爬摄食，虾体易受阳光照射，可促进钙质的吸收沉积，促进蜕壳生长。另外，水草（特别是优质水草）能使小龙虾体表的颜色与之相适应，提高虾的品质。龙虾如果常在水草上活动，能避免其长时间在洞穴中栖居，使小龙虾的体色更光亮、更洁净，市场竞争力更强。

10. 有效防逃

在水草丰富的地方，常常有大量小龙虾喜食的鱼、虾、贝、藻等鲜活饵料聚集，小龙虾因此会产生安全舒适的家的感觉，发生逃逸的概率较小。在虾池种植丰富优质的水草，是防止小龙虾逃跑的有效措施之一。

同时，水生植物还可综合利用，以提高池塘的经济效益。许多水生经济作物如水稻、茭白、菱和水蕹菜等也可供人类食用，很多水草还是草食性鱼类、畜禽类的良好饲料。

另外，池周围种植水草，形成水草带，具有消浪护坡作用，可防止池埂坍塌。池塘如果种植大批水生植物，可分隔水体，防止池水中的风浪过大，有效保护池坡。

第二节 常见水草的种类

作为小龙虾栖息场所和良好饵料的水草，能起到改善水质的作用。渔民常说"要想养好虾，先要种好草"，种好一塘草，才能保证养好一塘虾。在养虾池中，适合小龙虾需要的水草种类主要有苦草、轮叶黑藻、金鱼藻、水花生、浮萍、伊乐藻、眼子菜、青萍、槐叶萍、满江红、簀藻、水车前、空心菜等。下面简要介绍以下几种常用水草的特性：

1. 水花生

水花生又称空心莲子草（图5-1），为苋科莲子草属，原产于巴西。是一种多年生宿根性杂草，生命力很强，适应性广，生长繁殖迅

速，水陆均可生长，主要的生长环境为农田（包括水田和旱田）、空

地、鱼塘、沟渠、河道等。目前该草已成为恶性杂草，在我国 23 个省份都有分布。水花生抗逆性强，地下（水下）根茎可帮助其越冬，营养体（根、茎）帮助其进行无性繁殖。当冬季温度降至 0℃ 时，它的水面或地上部分会被冻死。当春季温度回升至 10℃ 时，越冬的水下或地下根茎即可萌发生长，其茎段曝晒 1~2 天仍能存活。水花生在池塘等水生环境中生长繁殖迅速，缺点是腐败后会污染水质。

图 5-1　水花生

在饲料不足的情况下，小龙虾可吃食水花生的嫩芽。早春虾塘口中的水花生成活较难。对小龙虾而言，水花生还有栖息、避暑和躲避敌害的作用。一般水花生生长好的养虾塘，在夏季高温期也易捕虾。

2. 水葫芦

水葫芦又称凤眼莲（图 5-2）。多年生水草，原产于南美洲亚马孙河流域。1884 年，作为观赏性植物被带到美国的一个园艺博览会上，当时有人预言其为"美化世界的淡紫色花冠"，我国于 1901 年引入。水葫芦叶单生，叶片基本为荷叶状，叶顶端微凹，呈圆形略扁，每叶都有泡囊承担叶花的重量，悬浮于水面生长，其须根较发达，凭借根毛吸收养分，主根（肉根）分蘖下一代。在所有的水草中，水葫芦的吸污能力被认为是最强的，几乎在任何污水中都能生长良好、繁殖旺盛。

水葫芦可供食用，味道像小白菜，堪称一味正宗的"绿色蔬菜"，氨基酸含量丰富，还包括人类生存所需又不能自己合成的 8 种氨基酸。小龙虾可吃食水葫芦嫩芽和嫩根，因此，养虾塘中的水葫芦根须较短。水葫芦也为小龙

图 5-2　水葫芦

虾提供了栖息、避暑和躲避敌害的场所。

3. 菹草

菹草又称丝草（江西）、榨草、鹅草（江苏）（图5-3）。菹草为多年生沉水草本植物，在池塘、湖泊和溪流中，静水池塘或沟渠生长较多，水体多呈微酸至中性。菹草根状茎细长。茎多分枝，略扁平，分枝顶端常结芽苞，脱落后长成新植株。在世界范围内分布很广，我国南北各地均有分布，可作为鱼的饲料或绿肥。与多数水生植物的生命周期不同，菹草在秋季发芽，冬春生长，4~5月开花结果，6月后逐渐衰退腐烂，同时形成鳞枝（冬芽），方能度过

图5-3　菹　草

不适环境。冬芽坚硬，边缘有齿，形如松果，在水温适宜时开始萌发生长。

在春秋季节，菹草全草可作饲料，直接为小龙虾提供大量的天然优质青绿饲料。在小龙虾养殖池中种植菹草，还可防止小龙虾相互残杀，充分利用池塘中央的水体。菹草在高温季节生长较慢。在水面的老化菹草常伴有青泥苔寄生，养殖者应在高温季节来临之前将其疏理掉一部分。通常菹草繁殖以营养体移栽的方式进行。

4. 轮叶黑藻

俗称蜈蚣草、黑藻、轮叶水草（广东）、车轴草（河北）（图5-4）。轮叶黑藻为雌雄异体，花为白色，较小，果实呈三角棒形。秋末开始无性生殖，在枝尖形成特化的营养繁殖器官——鳞状芽苞，俗称"天果"，根部则形成白色的"地果"。冬季天果沉入水底，被泥土污物覆盖，地果入底泥3~5厘米，较少见。冬季为休眠期，当水温在10℃以上时，芽苞开始萌发生长，前端生长点顶出上面的沉积物，茎叶见光呈绿色。随着芽苞的伸长在基部叶腋处萌生出不定根，形成新的植株。轮叶黑藻是"假根"植物，只有须状不定根，

枝茎插植 3 天后就能生根，形成新的植株。

轮叶黑藻也是小龙虾的优质饲料。一般在谷雨前后进行营养体的移栽繁殖，先将池塘水排干，留底泥 10～15 厘米，将长至 15 厘米的轮叶黑藻切成 8 厘米左右的小段，每亩按 30～50 千克均匀播种，使茎节部分浸入泥中，再将池塘的水加深至 15 厘米。约 20 天后当全池都覆盖着新生的轮叶黑藻时，将水加至 30 厘米，以后逐步加深，不使水草露出水面即可。移植初期不能干水，应保持水质清新，不宜使用化肥，白天水深，晚间水浅，减少小龙虾的食草量，促进须根生成。

图 5-4 轮叶黑藻
1. 植株　2. 叶片及小鳞片　3. 体眠芽　4. 雄佛焰苞　5. 雄花　6. 雌花及佛焰苞　7. 罗氏轮叶黑藻：体眠芽

5. 竹叶眼子菜

竹叶眼子菜又称马来眼子菜，是眼子菜科、眼子菜属植物（图5-5）。多年生沉水草本植物，根状茎，茎细长，不分枝或少分枝，长可达 1 米，叶有柄，叶片条形或条状披针形，中脉粗壮，横脉明显，边缘呈波状，有不明显的细锯齿。竹叶眼子菜在热带至温带分布，于湖泊、池塘、灌渠、河流等静水水体及缓慢的流水水体中分布，在我国是占据优势的水生植物种类之一。竹叶眼子菜具有较高的营养价值，新鲜的干物质中含粗蛋白质 13.6%，粗脂肪 1.6%，粗纤维 16.0%，无氮浸出物 43.4%，粗灰分 11.0%，已成为鱼、虾、蟹的优

图 5-5 竹叶眼子菜

良天然饵料。它对污染十分敏感，具有较高的净化能力。在 6 月以后，竹叶眼子菜就会老化、萎缩，因此，一般与别的水草一起种植，不能当作主草种植。

6. 伊乐藻

伊乐藻原产于美洲，我国是从日本引进的，是一种具有优质、速生、高产特性的沉水植物。它的叶片较小，不耐高温，在水面无冰的情况下均可栽培，水温 5℃ 以上即可萌发，10℃ 即开始生长，15℃ 时生长速度较快。当水温达 30℃ 以上时，生长明显减弱，藻叶发黄，部分植株顶端还会枯萎。对水质要求很高，当小龙虾在水草上部游动时，身体是非常干净的，非常适合小龙虾的生长。以其鲜、嫩、脆的特点，成为虾、蟹优良的天然饵料。对于虾、蟹，伊乐藻适口性较好，生长快，成本低，可节约 30% 左右的精饲料。

在虾、蟹养殖池种植伊乐藻，可以起到净化水质、防止水体富营养化的作用。伊乐藻在进行光合作用时会放出大量氧，还可吸收水中不断产生的大量有害的氨态氮、二氧化碳和剩余的饵料溶失物以及某些有机分解物。这些作用对稳定水体的 pH，使水质保持中性偏碱，增加水体的透明度，促进虾、蟹蜕壳，提高饲料的利用率，改善虾的品质等都有重大意义。同时，还能营造良好的生态环境，供虾、蟹活动、隐藏、蜕壳。它又可促其较快生长，降低发病率，提高虾的成活率。对于伊乐藻，气温只要在 4℃ 以上即可生长，在寒冷的冬季它靠营养体越冬。在苦草、轮叶黑藻尚未发芽时，已可见其大量生长。

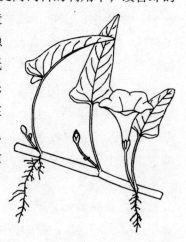

图 5-6　蕹　菜

7. 蕹菜

蕹菜又称空心菜、蕻菜（图 5-6），为一年生蔓状浮水草本植物。原产于中国。分枝能力强。全株光滑无毛，匍匐于污泥或浮于水上。茎呈绿或紫红色，中空，柔软，节上也生有不定根。叶互生，为长圆状卵形或长三角形，先端短尖或钝，基部截形，长6~15厘米，边缘呈波状，有长柄。一般8月下旬开花，花为白色或淡紫色，状像牵牛花。蒴果球形，长约1厘米。种子一般为2~4粒，是卵圆形。它喜欢高温潮湿的气候，25~30℃为其生长的适宜温度，能耐35~40℃的高温，10℃以下则其生长停滞，一般霜冻后植株会枯死。喜光和长时间日照。对土壤要求不高。

蕹菜不但可作为良好的蔬菜种类，也可用在浅水处实施绿化，与周围环境相映别有一番风趣。

8. 聚草

多年生水草，根状茎生于泥中，节部有须根。

第三节　水草的栽培技术

一、种草规划

池塘、低洼田以及大水面的湖汊等均可养殖小龙虾。要求水草均匀分布，种类搭配恰当，沉水性、浮水性、挺水性水草的比例要合理，水草种植面积最大不超过水体面积的2/3。在深水区种沉水植物及一部分浮叶植物，浅水区种植挺水植物。

在池塘养殖小龙虾，水草栽培一般分3个层次。在池岸边或池中心土滩边栽培挺水植物，如菱、芦苇、茭白、慈姑和蒲草等；在池中间栽培沉水植物，如竹叶眼子菜、苦草、轮叶黑藻和菹草等；在其他地方栽培漂浮植物，如浮萍和水葫芦等。池中的水草一般占水体总面积的1/3。不必除去池坝上的杂草，它们可起到固土、保护洞穴的作用。

二、品种选择与搭配

第一，根据小龙虾对水草利用的优越性来确定移植水草的种类和数量，一般以沉水植物和挺水植物为主，浮叶和漂浮植物为辅。

第二，根据小龙虾的食性移植水草，可多栽培一些小龙虾喜食的苦草、轮叶黑藻、金鱼藻等，其他品种水草适当少植，起到互补作用以及调节作用，这对改善池塘水质、增加水中溶氧、提高水体透明度都有帮助。

第三，一般情况下，不论采取哪种养殖小龙虾的模式，池塘中水草覆盖率都应该保持在50%左右，水草品种维持在两种以上。

三、种植类型

1. 池塘或稻田型

可这样选择伊乐藻、苦草、轮叶黑藻三者的栽种比例：伊乐藻早期覆盖率应控制在20%左右，苦草覆盖率应控制在20%~30%，轮叶黑藻的覆盖率控制在40%~50%。三者的栽种次序为伊乐藻—苦草—轮叶黑藻。三者的作用是：伊乐藻为早期过渡性和食用水草；苦草为食用和隐藏性水草；轮叶黑藻则是池塘或稻田养殖类型的主打水草。需要注意的是，伊乐藻是在冬春季播种的，高温期到来时，将伊乐藻草头割去，仅留根部以上10厘米左右的部位；苦草种子还要分期分批播种，错开生长期，否则容易遭小龙虾一次性破坏；轮叶黑藻则可以长期供应。

2. 河道或湖泊型

这种类型的养殖以栽种金鱼藻或轮叶黑藻为主，苦草、伊乐藻为辅。将金鱼藻或轮叶黑藻种植在浅水与深水交汇处，水草覆盖率控制在40%~50%；苦草种植在浅水处，覆盖率控制在10%左右；伊乐藻覆盖率控制在20%左右。不论哪种水草，种植时都以不出水面、不影响风浪为原则。

四、栽培技术

1. 栽插法

这种方法一般在小龙虾放养之前进行，适用于带茎水草。首先浅灌池水，将伊乐藻、轮叶黑藻、金鱼藻、苄苄草、水花生等带茎水草切成长度 20~25 厘米的小段，然后像插秧一样，均匀插入池底。如果池底淤泥较多，可直接栽插。若池底坚硬，可事先疏松底泥后再栽插。生产中摸索到的一个小技巧是，先用刀将带茎水草切成需要的长度，然后均匀地撒在塘中，塘水位保留 5 厘米左右，用脚踩或用带叉形的棍子用力插入泥中即可，操作简便。稻谷收割后的田面里的水草栽培也可使用这种方法。

2. 抛入法

适用于浮叶植物。先将塘里的水位降至合适的位置，然后将莲、菱、荇菜、莼菜、芡实、苦草等的根部取出，露出叶芽，用软泥包紧根部后直接抛入池中，使其根茎能生长在底泥中，叶能漂浮于水面即可。每年 3 月前后，也可在渠底或水沟中直接挖取苦草的球茎，带泥抛入水沟中。

3. 播种法

这种方法特别适合种子发达的水草，如苦草，在有少量淤泥的池塘最适合。播种时水位控制在 15 厘米，先将苦草籽用水浸泡一天，揉碎果实，将果实里细小的种子搓出来。然后加入 10 倍的细沙壤土，与种子拌匀后播种。为了将种子均匀撒播，将沙壤土保持略干最好。播种时每公顷水面用量 1 千克（干重）。种子播种后需加强管理，以提高苦草的成活率，使其尽快形成优势种群。

4. 移栽法

适用于挺水植物，先将池塘水位降至适宜深度，将蒲草、芦苇、茭白、慈姑等连根挖起，最好带上部分原池中的泥土。移栽时，去掉伤叶及纤细劣质的秧苗，移栽位置可在池边的浅滩处或在池中的小高地上，要求秧苗根部入水 10~20 厘米。进水后的整个植株不能长期浸泡在水中，密度为每亩 45 棵左右。如果密度过大会大量占用水体，影响反而不好。

5. 培育法

这种方法适用于瓢莎、青萍、浮萍、水葫芦等浮叶植物，它们的根比较纤细。对于浮萍等浮叶植物，可根据需要随时捞取，也可以用竹竿、草绳等在池中隔一角落，进行培育。只要水体保持一定的肥度，它们都可生长良好。若水中肥度不大，可用少量化肥化水泼洒。水花生命力较强，应较少移栽，以便补充其他不足量的水草。

6. 捆扎法

方法是把水草扎成大小为 1 米^3 左右的团，用绳子和石块固定在水底或浮在水面，每亩放 25 处左右即可，也可用草框把水花生、空心菜、水浮莲等固定在水中央。

五、栽培小技巧

（1）水草在虾池中的分布要均匀，切忌一片多一片少。

（2）水草种类忌单一化，使挺水性、漂浮性及沉水性水草合理分布，保持适宜的比例，以满足小龙虾多方位的需求。沉水植物可为小龙虾提供栖息场所，漂浮植物可为小龙虾提供饵料，挺水植物的主要作用是护坡。

（3）无论是何种水草，都要保证不能覆盖整个池面，至少留 1/2 的池面供小龙虾自由活动。

（4）必须在虾种放养前栽种水草，如果必要的话也可在养殖过程中随时补栽。在补栽中应根据具体情况来判断是否的确有补种水草的需要。

第六章 小龙虾的饲料

第一节 小龙虾的饲料构成

小龙虾的基础饲料主要分为动物性饲料、植物性饲料和微生物饲料三大类。人工配合饲料是在这三大类的基础饲料上经过加工而成的。如将动物性饲料和植物性饲料对比的话，动物性饲料优于植物性饲料，是小龙虾比较偏爱的。水生动物性饲料又比陆生动物性饲料好。

一、小龙虾的基础饲料

1. 动物性饲料

主要有浮游动物、小杂鱼、螺蚬肉、河蚌肉、蚕蛹及畜禽内脏等，既有在虾塘中自然生长的种类，又有人工投喂的种类。虾塘中自然生长的种类有微小浮游动物、桡足类、枝角类、线虫类、螺类、蚌和蚯蚓等；人工投喂的包括小杂鱼、鱼粉、虾粉、螺粉、蚕蛹和各类动物性饲料。养殖时多投喂动物性饲料，不仅可以促进淡水虾的生长，增加产量，而且对淡水虾抵御不良环境的能力很有裨益。

其中，螺蛳的含肉率为 22%～25%，蚬类的含肉率为 20% 左右，都是小龙虾喜食的动物性饲料。可以在池塘培养这些动物直接供虾类捕食，也可以人工投喂，饲喂效果很好。鱼粉、蚕蛹是优秀的动物性干性蛋白源。尤其是鱼粉，产量大，来源广，是各类虾人工配合饲料中不可缺少的主要成分。从氨基酸组成来看，虾粉要优于鱼粉，是最好的干性蛋白源。

动物性饲料的获取可利用湖边、海边小杂鱼多的优势就地取材，建好固定的收购、贮存和调运渠道；和水产品加工厂、肉类屠宰厂等单位建立供饲关系是不错的选择。有条件的养殖场还可建立饲料队伍，采取捞浮游动物、螺蚬，捕小杂鱼，养蚌育珠等多种方式，多渠道地获得淡水虾动物性鲜活饵料。

2. 植物性饲料

目前，常用的有豆饼、麦麸、玉米粉、米糠等以及水生植物中的轮叶黑藻、苦草、伊乐藻、水花生、水葫芦、芦苇和水生蕹菜等。在养虾池中栽植优质水草，既为小龙虾提供了部分植物性饲料，同时给虾提供了良好的栖息、隐蔽场所，还能净化养殖水质。

在植物性饲料中，豆类是优秀的植物蛋白源，特别是大豆，粗蛋白质含量高达 38%～48%，豆饼中的可消化蛋白质含量也能达到 40% 左右。

谷物最好经发芽后再投喂。麦芽中含有大量的维生素，对小龙虾的生长十分有利。维生素 E 对促进性腺发育也有一定的作用。

菜籽饼、棉籽饼、糠类和麸类都是优良的蛋白质补充饲料，适当的配比可降低养殖成本。

小龙虾可以有效取食并消化一些天然植物的可食部分，这对其生理机能产生促进作用。

3. 微生物饲料

微生物饲料可以划入动物性饲料中，主要是酵母类。各类酵母含有很高的蛋白质、维生素和多种虾类必需氨基酸，特别是赖氨酸、B

族维生素和维生素 D 等含量较高，可以在配合饲料中适量使用，比较常见和适用的有啤酒酵母等。

二、人工配合饲料

人工配合饲料是将动物性饵料和植物性饵料按照小龙虾的营养需求，确定比较合适的配方混合加工而成的。其中，可根据需要适当添加一些矿物质、维生素和防病药物，并根据小龙虾所处的不同发育阶段和个体大小，制成大小不同的颗粒。

配合颗粒饲料营养全面、适口性好、易贮存、运输使用方便。气候、环境等因素的变化不会对其产生影响，是进行集约化淡水虾养殖最理想的饲料。在发病季节，可在饲料中加入适量的防病药物制成药饵投喂，起到防治虾病、促进虾生长的作用。

在饲料加工工艺中，必须注意到小龙虾长有咀嚼型口器，不同于鱼类的吞食型口器。因此配合饲料要有一定的黏性，最好制成条状或片状，以便于小龙虾摄食。通常，小龙虾配合饲料在水中溶解的时间要在 5 个小时以上。

小龙虾配合饲料基本上为颗粒状配合饲料，主要由鱼粉、豆粕、糠麸、维生素、微量元素、诱食剂和黏结剂等组成。养殖生产中，要求颗粒饲料在泡水后 3 小时以上不散开，长度 5~12 毫米，直径 1~3 毫米为宜。

优质配合饲料的要素包括科学合理的饲料配方、优质的饲料原料品质及生产工艺。因此必须对饲料配方进行科学设计。饲料配方必须按照以下原则设计：

1. 营养原则

第一，必须以营养需要量为依据。小龙虾的生长阶段不同，营养需要量也不同，必须选择适宜的配合饲料。确定日粮的营养浓度还需结合实际的养殖效果，至少要满足能量、蛋白质、钙、磷、食盐、赖氨酸和蛋氨酸这几个营养指标。同时要兼顾水温、饲养管理水平、饲料资源及质量、小龙虾健康状况等诸多因素，对营养需要量灵活掌握，灵活调整。

第二，注意营养的平衡。配合日粮时，要考虑各营养物质的含量和各营养素的平衡，即各营养物质之间（如能量与蛋白质、氨基酸与维生素、氨基酸与矿物质等）以及同类营养物质之间（如氨基酸与氨基酸、矿物质与矿物质）的平衡。因此，饲料搭配要多元化，使各种饲料的互补作用达到最大，以提高营养物质的利用率。

第三，适合小龙虾的生理特点。过多的碳水化合物易使小龙虾患脂肪肝，因为小龙虾不能很好地利用碳水化合物，对碳水化合物应限量。饲料中必须提供合成龙虾蜕壳激素的原料胆固醇。小龙虾饲料中还须添加脂溶性成分（脂肪、脂溶性维生素、胆固醇）与在转运中起重要作用的卵磷脂。

2. 经济原则

饲料费用占小龙虾养殖成本的 70%~80%。因此，在设计饲料配方时，必须因地制宜、就地取材，充分利用当地的饲料资源，制定的饲料配方价格必须适宜。另外，根据不同的养殖方式设计不同的饲料配方，把饲料成本节省到最低。此外，降低成本的途径还包括开拓新的饲料资源。

3. 卫生原则

在设计饲料的配方时，应对饲料的卫生安全要求充分考虑。饲料原料应保证无毒、无害、未发霉、无污染。玉米、米糠、花生饼、棉仁饼等脂肪含量高，容易发霉感染黄曲霉，并产生黄曲霉毒素，使小龙虾肝脏受损，因此这些东西要妥善贮藏。此外，还应注意饲料原料是否受农药和其他有毒、有害物质的污染。

4. 安全原则

安全性是指添加剂预混料配方产品必须安全可靠。所选用原料的品质必须符合国家有关标准，有毒有害物质含量不得超标；饲料的适口性不受影响；在饲料与小龙虾体内，稳定性较好；长期使用不产生急、慢性毒害等；在饲料产品中的残留量不能超过规定标准，不对上市成虾的质量和人体健康造成影响；不导致亲虾生殖生理的改变，不损伤亲虾的繁殖性能；活性成分含量不低于产品标签标明的含量，不超过有效期限。

5. 生理原则

科学的饲料配方，在选用原料时应考虑是否符合小龙虾的食欲和消化生理特点，要考虑饲料原料的适口性、容积、调养性和消化性等。

6. 优选配方步骤

优选饲料配方主要有以下步骤：确定饲料原料种类→确定营养需要量→查饲料营养成分表→确定饲料用量范围→查饲料原料价格→建立线性规划模型并计算结果→得到一个最优化的饲料配方。

人工配合饲料配方要求稚虾的饲料蛋白质含量在30%以上，成虾的饲料蛋白质含量达到20%以上。如以下两个配方：

稚虾的饲料粗蛋白质含量为37.4%，各种原料配比为：鱼粉20%，发酵血粉13%，豆饼22%，棉仁饼15%，次粉11%，玉米粉9.6%，骨粉3%，酵母粉2%，多种维生素预混料1.3%，蜕壳素0.1%，淀粉3%。

成虾的饲料粗蛋白质含量为30.1%，各种原料配比为：鱼粉5%，发酵血粉10%，豆饼30%，棉仁饼10%，次粉25%，玉米粉10%，骨粉5%，酵母粉2%，多种维生素预混料1.3%，蜕壳素0.1%，淀粉1.6%。其中，豆饼、棉仁饼、次粉、玉米等在预混前要再次粉碎，制粒后经2天以上晾干，以防饲料变质。两种饲料配方中，必须另加占总量0.6%的水产饲料黏合剂，以增加饲料的耐水时间。

三、小龙虾饲料的卫生质量

养殖小龙虾配合饲料所用的原料应符合各类原料相关标准的规定，严禁使用腐败、变质、发霉、生虫、受潮及受到石油、农药、有害金属等污染的原料；皮革粉应经过脱铬、脱毒处理；大豆原料应经过破坏蛋白酶抑制因子的处理；鱼粉质量应符合 GB/T 19164—2003 的规定；鱼油质量应符合 SC/T 3502—2000 中二级精制鱼油的要求；使用药品添加剂种类及用量应符合农业部《允许作饲料药物添加剂的兽药品种及使用规定》和《NY5072—2002 无公害食品 渔用配合饲料安全限量》中的要求。国家规定禁止使用的药物或添加剂是坚决不能选用的，在饲料中长期添加抗菌药物也不行。

配合饲料的安全卫生指标应符合《GB/3078—2001 饲料卫生标准》和《NY5072—2002 无公害食品 渔用配合饲料安全限量》的规定。

对于使用未经加工的动、植物性饲料，要求新鲜适口，无霉烂变质和其他污染。必须进行质量检查，符合以上标准规定才能使用。投饲的鲜动、植物饲料一般应先洗净，再经消毒方可投喂。消毒处理时可用含有效碘 1% 的 30 毫克/升聚维酮碘浸泡 15 分钟。

配合饲料不得使用装过化学药品、农药、煤炭、石灰及已被污染而未清理干净的运输工具装运。在运输途中还要防止曝晒、雨淋与破包。装卸过程中不得使用手钩搬运，应轻拿轻放。

目前我国还没有出台小龙虾全价配合饲料的统一标准，我们很难对小龙虾配合饲料作出全面正确地评价，但在生产实践中以下指标是可供参考的。

（1）感官色泽一致，无发霉变质、结块和异味，除具有鱼粉香味外，还具有强烈的鱼腥味，能够很快地引诱小龙虾摄食。

（2）饲料粒度。小龙虾幼苗的粉状料要求 80% 通过 100 目分析筛；成虾料要求 80% 通过 80 目分析筛；亲虾料要求 80% 通过 60 目分析筛。

（3）黏合性。指饲料在水中的稳定性。良好的黏合性可保证饲料在水中不易散失。但黏合性越高，往往淀粉的含量也越高，可能会影响小龙虾的消化吸收。此外，在食台投喂的饲料由于黏合性过强，被小龙虾拖入水中后会造成浪费并污染水体。因此，应将饲料制成面团状或软颗粒状，提高饲料在水中的稳定性，保证饲料 3 小时内不溃散或能在水体中保形 3 小时。为了引诱小龙虾摄食，有时还可添加诱食剂和色素。

（4）其他水分不高于10%，适口性好，弹性佳。

四、小龙虾饲料的保存

要对加工制粒后的配合饲料实施正确的保管，否则容易发生霉变。轻度霉变的饲料，会使小龙虾生长速度减慢，食量下降，消化率降低；严重霉变的饲料，会造成小龙虾中毒，甚至死亡。一定要检验采购来的饲料，看其是否霉变，一般通过闻气味、看颜色、看是否有结团现象、加热后闻气味，以及在显微镜下观察等办法进行确定。对自制的饲料一定要保管好，控制引起霉变的途径，勤于检查，发现问题及时解决，才能保证饲料的质量良好。

防止贮存饲料发生霉变，首先要注意贮存场所的通风情况，通风条件必须良好。对于鱼粉和发酵血粉含量较多的饲料，要格外注意其贮存条件。如果饲料编织袋中没有隔层塑料薄膜，贮存时要避免和地面及墙壁直接接触。自制饲料的制造量每次不要太多。

第二节 饲料的合理搭配

小龙虾喜欢摄食动物性饵料，但投喂过多的动物性饵料会增加养虾成本；一般选择主要投喂植物性饵料，这使小龙虾的摄食和生长发育受到直接影响。因此，保持一定比例的优质动物性饲料，搭配投喂适量的植物性饲料，对小龙虾的正常生长极为重要。

根据养殖经验，在全年安排的饲料中一般动物性饲料占30%~40%，谷料占60%~70%较为恰当（水草类不计算在内），这能基本满足小龙虾的生长需要。饲料投喂时要坚持"精""粗""青"相结合的原则，不同季节有不同的侧重点。

开食的3~4月，小龙虾摄食能力较弱，投喂的饲料以动物性饲料和配合饲料为主。

6~8月水温高，饲料要投足、投好，这段时间是小龙虾生长和大量捕捞上市的关键阶段。

9~10月大量小龙虾进入交配产卵期，且开始大批掘穴越冬，要适当多喂些动物性饲料。

1. 饲料投喂次数

一般每天投喂2次饲料，投饲时间分别在7：00—9：00和17：00—18：00。春季和晚秋水温比较低，每天投喂1次，一般在16：00—17：00。小龙虾有晚上摄食的习性，因此，两次投喂应以傍晚的那次为主，下午投饲量占全天的60%~70%。

2. 日投饲量确定

5~10月是小龙虾的正常生长季节，每天投饲量可占体重的5%左右，且需根据天气、水温变化，小龙虾摄食情况适量增减，一般水温低时少喂，水温高时多喂。

3~4月水温10℃以上，小龙虾刚开食阶段和10月后水温降到15℃左右时，小龙虾摄食量较少，每天可按体重的1%~3%投喂。

一般在傍晚投喂饲料后3小时检查小龙虾吃食情况，基本吃完就行。天气闷热、阴雨连绵或水质恶化、溶氧量下降等情况下，小龙虾摄食量也会下降，可少喂或不喂。

3. 饲料投喂地点

饲料应多投在岸边浅水处虾穴附近，也可少量投喂在水位线附近的浅滩上。每亩最好设2~3处固定投饲点，用于对小龙虾吃食情况进行检查。

小龙虾有一定的避强光习性，强光下很少出来摄食。因此应将饲料投放在光线相对较弱的地方，如傍晚将饲料大部分投置在池塘西岸，上午将饲料多投在池塘东岸，可使饲料的利用率较高。

第七章　小龙虾的病害防治

第一节　病害原因

　　为了及时掌握小龙虾的发病规律和防止虾病的发生，首先必须了解引起发病的病因。小龙虾发病原因比较复杂，既包括外因也包括内因。查找根源时，只考虑其中一个因素是不对的，应该将外界因素和内在因素联系起来加以综合考虑，才能真正找出小龙虾发病的原因。

一、环境因素

　　影响小龙虾健康的环境因素主要有水温、水质等。

　　1. 水温

　　小龙虾的体温随外界环境的变化而变化，尤其受水体的水温影响很大。当水温急剧变化时，机体由于适应能力不强会发生病理变化甚至直接死亡。

　　2. 水质

　　水质的好坏直接关系到小龙虾生长的健康与否。影响水质变化的因素有水体的酸碱度（pH）、溶氧（DO）、有机耗氧量（BOD）、透明度、氨氮含量及微生物等理化指标。以上各项指标都达到适宜的范围内时，小龙虾生长发育良好。一旦水质恶化，小龙虾就可能生病或死亡。

3. 化学物质

人们的生产活动、周围环境、水源、生物活动（鱼虾类、浮游生物、微生物等的活动）、底质等都会影响到池水化学成分的变化。如长期不对虾池进行清塘，池底容易堆积大量没有分解的剩余饵料、水生动物粪便等。这些有机物在分解时会大量消耗水中的溶解氧，同时还会放出硫化氢、沼气、二氧化碳等有害气体，使小龙虾受到毒害。含有一些重金属毒物（铝、锌、汞）、硫化氢、氯化物等物质的废水如进入虾池，也会造成小龙虾大量死亡。

二、病原体

促使小龙虾生病的病原体有真菌、细菌、病毒、原生动物等。这些病原体是阻碍小龙虾健康的最大祸端。另外，有一些直接吞食或直接危害小龙虾的敌害生物，如青蛙会吞食软壳小龙虾；池塘里如果有乌鳢生存，也严重威胁到小龙虾的生存。

三、自身因素

小龙虾自身因素的好坏，是抵御外来病原菌的重要基础。对部分疾病的发生，一尾健康的小龙虾能有效预防，相比之下软壳虾对疾病的抵抗能力就弱得多。

四、人为因素

1. 操作不慎

在饲养过程中，有些操作如给养虾池换水、清洗网箱、捞虾、运输等，有时会因操作不当或动作较重，导致小龙虾受伤，造成附肢缺损或自切损伤。病菌很容易从伤口侵入，使小龙虾感染。

2. 外部带入病原体

从自然界中捞取活饵、采集水草或投喂时，由于不彻底的消毒、清洁工作，可能带入病原体。

3. 饲喂不当

大规模养虾基本上是靠人工投喂饲养的。如果投喂不当，投食的饲料不清洁或已变质，饥一顿饱一顿，长期投喂干饵料，饵料品种单一，饲料营养成分不足，缺乏动物性饵料和合理的蛋白质、维生素、微量元素等，都会造成小龙虾缺乏营养，体质衰弱，容易感染患病。若投饵过多，投喂的饵料变质、腐败后易引起水质腐败，加快细菌繁衍，导致虾病的发生。

4. 环境调控不力

对水体的理化性质，小龙虾有自己的适应范围。单位水体内载虾量过多的话，易导致小龙虾生存的生态环境逐渐恶劣。如不及时换水，虾和鱼的排泄物、分泌物过多，二氧化碳、氨氮增多，微生物滋生，蓝绿藻类浮游植物生长过多等因素，可加速水质恶化，造成水中溶氧量降低，导致虾发病。

5. 放养密度不当和混养比例不合理

合理的放养密度和混养比例能达到增加虾产量的目的。但放养密度过大则会造成缺氧，并降低饵料的利用率，引起小龙虾的生长速度快慢不一，个体大小差异明显。虾由于缺乏正常的活动空间，加之代谢物增多等原因，正常摄食生长会受到影响，抵抗力不断下降，发病率增高。另外，不同规格的虾同池饲养，在饵料不足的情况下易发生小龙虾以大欺小、相互咬伤的现象，直接提升发病率。当然，鱼、虾类在混养时，应注意比例和规格是否合宜，比例不当则不利于小龙虾的生长。

6. 饲养池及进排水系统设计不合理

饲养池特别是其底部，如果设计不合理的话，不利于彻底排除池中的残饵、污物，易引起水质恶化而导致虾发病。进排水系统如不独立，一池虾发病往往也会传播到另一池。在大面积精养时或水流池养殖时，这种情况更要注意预防。

7. 消毒不够

如对虾体、池水、食场、食物、工具等消毒不够，会大大增加虾的发病率。

第二节 小龙虾病害的综合防治措施 ◄◄◄

小龙虾病害防治应以"防重于治、防治相结合"为原则，贯彻"全面预防、积极治疗"的方针。目前常用的综合防治措施如下：

一、防重于治的原则

防治动、植物疾病的共同原则是防重于治。对于饲养小龙虾更是如此。因为：

首先，小龙虾发病在早期难以发现，因此给诊断和治疗带来麻烦。由于生活在水中，它们的活动、摄食等情况不易看清楚，增加了正确诊断的困难。另外，治疗虾病还存在许多困难，家畜、家禽可以采用口服或注射法进行治疗，但对病虾，特别是幼虾，这些方法根本无法采用。

其次，由于小龙虾发病以后，大多数停止摄食，也无法强迫它们摄食和服药。因此，患病后的小龙虾很难得到应有的营养和药物治疗。只有尚在摄食的病虾，才可对其使用口服法治疗。

再次，小龙虾养殖规模较大时，当发现有小龙虾发病时，就表明全塘的小龙虾都有感染的可能。若将药物混入饵料中投喂，结果常常是没有患病的虾吃得多，病情越重的虾反而吃得越少，药物在患病虾的体内无法达到治疗的剂量。另外，某些虾病发生以后（如患肠炎病的病虾已失去食欲），即便是特效药，也进入不了虾体。

最后，虾病蔓延迅速。一旦有几尾虾发病，往往会对全池造成灾难性的影响。更让养殖户忧心的是，现在专门为虾类研制的特效药非常少见，相当一部分虾药还是沿用兽药。

由于以上原因，在治疗虾病时，想要做到次次都根治虾病是不可能的。因此，预防虾病才是主要的。一般对病虾的治疗，主要目的也只是以下方面：防止同一水体中尚未患病的虾受感染；治疗病情较轻的虾；治疗处于潜伏感染的小龙虾。实际上，病情严重的虾是很难恢复健康的。实践表明，在饲养管理中贯彻"以防为主"的方针，做好相应预防工作，预防虾病的发生才有可能实现。

二、容器的浸泡和消毒

1. 水泥池的处理

刚修建的水泥池在使用前一定要认真清洗，还需盛满清水浸泡数天到1周，进行"退火"或"去碱"。长期不用的容器在使用前，应用盐水或高锰酸钾溶液消毒浸洗，方可使用。

2. 池塘处理

要对初次进池的小龙虾进行消毒清池。根据养殖经验，在虾病流行季节前和流行旺季，定期用漂白粉、生石灰等药物兑水全池泼洒，改良水质、杀灭水中致病菌，预防虾病效果良好。

三、加强饲养管理

小龙虾生病，大多数情况可以说是由于饲养管理不当造成的。因此，加强饲养管理，改善水质环境，做好"四定"的投饲技术，是防病的重要措施之一。

定质：饲料要新鲜清洁，不喂腐烂变质的饲料。应使用有信誉、有实力的饲料厂家生产的符合质量标准的优质全价配合饲料，并在饲料中添加免疫增强剂、微生态制剂等，才能增强虾的抗病能力。

定量：根据不同季节、不同气候、小龙虾食欲反应的不同和水质情况的差异适量投饵。喂养时，要根据水温、天气、水质和虾的摄食活动等情况合理投喂，既要保证虾吃好吃饱，又不能过量投喂，并对吃剩饲料和其他污物及时清理。

定时：投饲要有一定时间。

定点：设置固定的饵料台，以便观察小龙虾吃食，及时查看小龙虾的摄食能力及有无病症，也方便对食场定期消毒。

由于鲜活饵料杂质大，味道浓，水分多，容易变质，投入虾池后易造成水质恶化，也容易诱发虾病，因此，养殖小龙虾时动物性饵料如螺、蚬肉等尽可能少喂、不喂。

在培育虾苗之前，必须在养殖水域中预先培育幼体适口的活饵料，如单细胞藻类、轮虫和枝角类等。这些活饵料被这些幼体所喜食，不会污染水质，在水体中分散性好，比人工制作的饵料（如豆浆、蛋黄、蛋羹和鱼粉等）好。

水体中的营养成分会被浮游生物在繁殖生长时利用，这有利于改良水质。这些浮游生物可以用施肥方式在养殖塘中培育，也可在配套塘中培育，然后用浮游生物网捞出投喂，这种活饵料被称为基础饵料。基础饵料可使虾健康生长，有了它，放养的幼苗一下水，便能摄食到适口又有营养的饵料。

为保持池水中的浮游生物数量，不要等到水色变浅才追肥，应勤施少施，使水色始终保持黄褐色或黄绿色。水质达到肥而爽，形成"活水、绿水"环境，有效抑制有害微生物的繁衍，减少污染。

四、控制水质

小龙虾养殖，在用水方面一定要杜绝和防止引用工厂废水，必须使用符合质量要求的水源。定期换冲水，保持水质清洁，调节池水水质，减少粪便和污物在水中腐败分解而释放有害气体的现象。

在致病前，大部分病原体都处在一种不活跃或十分不活跃的状态。疾病的发生和发展，往往是病原体数量剧增、病原体的致病力大大加强的缘故。在控制病原体的同时，应考虑如何利用足量的有益微生物抑制病原体的增长，保证虾养殖水体中的各种微生物处在相互竞争、相互制约、相互利用的平衡状态。

可定期施用芽孢杆菌、EM 菌、光合细菌等有益微生态制剂调节水质，投喂滋养有益微生物的添加剂（如多聚寡糖等），用窄谱性抗微生药物限制有害微生物的生长等方法，帮助有益的或中性的或其他微生物获得较大的繁衍空间，使养殖虾处于良好的生态环境中（如水质良好、水草丰盛等）。加强饲养管理，使养殖虾体内外的有益微生物种群常常处于优势。微生态制剂一般在消毒药施用 3 天后使用。在养殖中后期，尤其在高温季节，更要增加微生态制剂的用量，避免采取高强度与高频率的药物和片面强调杀灭病原体，减少消毒药的使用。

五、做好药物预防

1. 小龙虾消毒

在小龙虾投放前最好对虾体进行科学消毒，常用方法为 3%～5% 食盐水浸洗 5 分钟。

2. 工具消毒

日常用具应经常进行曝晒或定期用高锰酸钾、美曲膦酯溶液、浓盐开水浸泡消毒。尤其是接触病虾的用具，还要进行专门的隔离消毒。

养殖生产中使用的渔具，可在阳光下曝晒进行消毒。木桶、塑料桶类容器，如果用石灰水浸泡处理，预防效果较好。

3. 食场消毒

食场是小龙虾的进食之处。如果食场内常有残存饵料，时间长了或高温季节，容易腐败，可成为病原菌繁殖的培养基，为病原菌的大量繁殖提供有利场所，这很容易引起小龙虾感染细菌，导致发生疾病。同时，作为小龙虾最密集的地方，食场也是疾病传播的地方。因此，对固定投饵的场所——食场进行定期消毒是有效的防治措施之一，通常分药物悬挂法和泼洒法两种。

（1）药物悬挂法。常用于食场消毒的悬挂药物主要有漂白粉，悬挂容器有塑料袋、布袋、竹篓。装药后，以药物能在 5 小时左右溶解完为好，悬挂周围的药液应达到一定浓度。在虾病高发季节，要定期进行挂袋预防，一般每隔 15~20 天为 1 个疗程，可预防细菌性皮肤病和烂鳃病。药袋最好挂在食台周围，每个食台挂 3~6 个。漂白粉挂袋每袋 50 克，每天换 1 次，连续挂 3 天。

食场周围的药物浓度要合理，不可过高或过低。因为药物浓度过低，药效也太低，不能起到预防疾病的目的；药物浓度太高，小龙虾会发生应激反应，根本不来吃食，预期的预防效果也无从谈起。因此，第一次在食场周围挂袋预防后，操作人员要在食场周围观察 2~3 小时，观察小龙虾是否正常吃食。如果小龙虾到达食场的数量比平时少很多，或根本没有小龙虾到食场周围觅食，就表示药物浓度过高了，应果断减少用药量。若发现小龙虾到食场周围的数量和平时相差不大，说明药物可能放少了，应及时加些剂量。最好的情况是：小龙虾到食场周围觅食，但数量要比平时少 20%~30%；有的小龙虾吃食，有的虾不吃食，在周围到处闲逛，这说明药物浓度适中。在操作时可采用少量多点的方法，可一次在食场周围挂 8~10 个药袋，每个药袋内装 80~150 克漂白粉，具体的用量应根据食场大小和周围的水深以及小龙虾的反应灵活调整。为了提高药物预防的效果，保证小龙虾在挂袋用药时仍然前来吃食，在挂药前应适当停食 1~2 天，并在停食前选择小龙虾最爱吃的动物性饵料。投喂量只能是平时的 70%，这样就能保证挂药后小龙虾仍然能及时到食场周围觅食。

（2）泼洒法。每隔 1~2 周在小龙虾吃食后，用漂白粉对食场消毒 1 次，每次用量一般为 250 克，将溶化后的漂白粉溶液泼洒在食场周围。

4. 适时使用水环境保护剂

在池塘养殖中要注意及时添加水环境保护剂，能有效改善和优化养殖水环境，并促进养殖动物正常生长、发育和维护其健康，一般每月使用 1~2 次即可。科研人员的研究发现，其作用主要为净化水质，防止底质酸化和水体富营养化；补充氧气，使小龙虾的摄食能力有所增强；抑制有害物质的增加和有害细菌的繁殖；促使有益藻类稳定生长，抑制有害藻类繁殖等。

另外，可根据小龙虾不同生长时期习性的不同，将药物拌入饲料中制成浮性药饵或沉性药饵投喂，达到预防的目的。

六、培育和放养健壮苗种

放养小龙虾苗种时，要选择健壮和不带病原的，这是养殖成功的基础，培育的技巧有以下几点：一是亲本无毒；二是对进入产卵池的亲本进行严格的消毒，杀灭可能携带的病原；三是孵化设施要进行消毒；四是要保证育苗用水的洁净；五是尽可能不用或少用抗生素；六是培育期间饵料要优质，不能投喂变质腐败的饵料；七是合理放养，减少小龙虾自身的应激反应。这包含两方面的内容：一是放养小龙虾的密度要恰当；二是混养的不同种类的搭配要做到合理科学。合理放养是对养殖环境的一种优化管理，可以促进生态平衡，还可保持养殖水体中的正常菌群调节微生态平衡，对预防传染病的暴发和流行作用明显。

七、控制养殖密度，实施轮养与休养

养殖密度控制在合理的范围内，是淡水虾防病的关键点之一。实践证明，养殖密度越高水质变化越快，虾的疾病发病率也就越高；如果虾苗放养密度小，水质变化就慢，虾的病害就少。合理的养殖密度，可帮助养殖者获得最大的效益、促进淡水虾养殖持续稳步发展。因此，要控制好虾苗的放养密度，根据养殖管理技术水平和池塘的条件，合理密养。

另外，有些病原体对寄主具有严格的选择性，为了使养殖生态环境得以修复并维护产品和环境的安全，有条件的话，进行轮养与休养最好。

八、实施健康养殖，合理使用药物

养殖时应该以防病、保护产品和环境安全为重点。包括科学育种、科学放养、科学用水、科学投饲以及科学用药等几个方面。根据养殖环境、养殖对象的不同和疾病的流行规律，有计划、有目的、有效果地使用药物，才能达到完全健康养殖的目的。科学用药，就是要正确诊断，对症用药；选药要有明确的指向，安全用药；掌握一切影响药物疗效的因素，适当加大或缩小用药的浓度、用药次数和用药的间隔时间，合理用药；做到增强机体的抗病能力，"祛邪扶正"兼顾。认真观察、分析，根据情况采取停药、调整剂量和改换药物的措施，有效用药。科学用药，杜绝使用对人、对环境有害的药物。根据药物在虾体内代谢的规律，使用药物后要有一个休药期，保证用药安全。

此外，在养殖生产过程中，应该严格按操作规程或相关标准实施，尽量减少虾体损伤；严禁放养损伤严重的苗种，以减少病害发生。

第三节 科学用药

一、药物选用的基本前提

药物选择正确与否关乎疾病的防治效果和养殖效益的好坏，因此，我们在选用药物时，要讲究以下几条基本原则：

1. 有效性原则

为帮助患病小龙虾尽快好转和恢复健康，使生产上和经济上的损失减少，用药时应尽量选择高效、速效和长效的药物，药品的有效率应达到70%以上。

2. 安全性原则

药物的安全性主要表现在以下3个方面：一是药物在杀灭或抑制病原体时，在有效浓度范围内对小龙虾本身的毒性小。有的药物疗效虽然好，但因毒性太大在选药时必须放弃，而用疗效居次、毒性较小的药物取而代之；二是对水体微生态结构的破坏程度小，对水域环境不构成污染；三是对人体健康的影响程度要小。在食用小龙虾之前应停药一段时间，尽量控制使用药物，特别是孔雀石绿、呋喃丹、敌敌畏、六六六等被确认有致癌作用的药物，坚决不得使用。

3. 廉价性原则

选用药物时应多做比较，尽量选用成本低的药物。许多药物，其有效成分差别不大，或者说药效差不多，但价格相差很大。广大养殖户要注意选对药物。

4. 方便性原则

给小龙虾用药极不方便，养殖者可根据养殖品种以及水域情况，确定是使用泼洒法、口服法还是浸泡法给药。以疗效好、安全、使用方便为用药原则。

二、辨别药物的真假

按下面 3 个方面辨别药物的真假：

1. "五无"型的药物

即无商标标识、无产地（即无厂名厂址）、无生产日期、无保存日期、无合格许可证。这种连基本的外包装都不合格的药物绝对不会有效，是最典型的假药。

2. 冒充型

冒充表现在两个方面：一种情况是冒充他人商标，常见行为有，一些见利忘义的药物厂家发现某产品为市场俏销品或正在宣传推广的产品，即推出同样包装、同样品牌的产品或冠以"改良型产品"的名义售出；另一种情况就是一些生产厂家利用一些药物的可溶性特点，将一些粉剂药物改装成水剂药物，然后冠以新药之名投放市场。对于这种冒充型的假药的欺骗性，普通的养殖户一般很难识别，专业人员及时进行指导帮助十分有必要。

3. 夸效型

它的具体表现就是一些药物生产企业不顾事实，肆意夸大渲染药物的诊疗范围和效果。我们见到部分药物包装袋上的广告声称包治百病，实际上药效不明显或根本无效，见到这种药物应摒弃不用。

三、按规定的剂量和疗程用药

泼洒用药一般连续 3 天为一个疗程。内服用药一个疗程为 3~7 天。在防治疾病时，必须坚持用药 1~2 个疗程，至少用药 1 个疗程，保证彻底治疗，否则易导致疾病复发。一些养殖户为了省钱，在看到虾的病情有一点好转后就不再用药，这种用药方法是非常不科学的。在防治小龙虾疾病时，不同的剂量、不同的用药方式，对药效的影响也不同。例如，内服药的剂量是按小龙虾的体重来计算的，而外用消毒药物的剂量则是根据小龙虾生活的水体的体积来计算的。不同剂量不仅会使药物作用强度产生变化，甚至还会促使药物性质变化。药物剂量过小，对小龙虾疾病的防治不起任何作用。一般将能对病虾产生作用的最小剂量称为最小有效量；当药物持续运用到一定量，甚至达到小龙虾所能忍受的最大剂量但小龙虾并没有发生中毒时，此时的最大剂量称为最大耐受量。在防治虾病时，对药物的使用范围都要确定在最小有效量和最大耐受量之间，即所谓的安全范围。在这个范围内，随着药物剂量的增加药效也随之增加。在具体应用时，剂量还须灵活掌握，这还与小龙虾的健康状况、使用环境、药物剂量等多种因素有密切关联。

四、科学计算用药量

虾病防治的药可分内服药和外服药。前者的剂量通常根据小龙虾体重计算，后者则按水的体积计算。

1. 内服药

首先应较准确地计算出养殖水体内小龙虾的总重量，然后折算出具体的给药量，再根据小龙虾生存的环境条件、吃食情况确定小龙虾吃饵多少，最后将药物混入饲料中制成药饵。

2. 外用药

先算出水的体积。水的体积可用水体的面积乘以水深得出，再根据施药的浓度算出药量。如果施药的浓度为 1 毫克/升，则 1 米^3 水体应用 1 克药。

如某虾池长 100 米，宽 40 米，平均水深 1.2 米，那么使用药物的量推算如下：虾池水体的体积是 100 米×40 米×1.2 米 = 4800 米^3。假设某种药的用药浓度为 0.5 克/米^3，那么按规定的浓度算出的药量应为 4800×0.5 = 2400（克），即该小龙虾池塘需用药的量为 2400 克。

为小龙虾养殖户提供技术服务时，常常发现这种现象：一些养殖户在用药时会自己随意加大用药量，有的甚至比为他开出药方的剂量高出 3 倍左右。这些人加大药物剂量的随意性很强，往往今天用 1 毫克/升的量，明天就敢用 3 毫克/升的量。他们错误地以为用药量大了，治疗效果就更好。理性地看，任何药物都要保证在合适的剂量范围内使用，才能达到预期的防治效果。如果剂量过大，甚至达到小龙虾致死的浓度，则发生小龙虾药物中毒事件是必然的。所以用药时必须严格控制剂量，并不是剂量越大越好，当然也不要随意减少剂量。

五、正确的用药方法

小龙虾患病后，首先应对其进行正确而科学的诊断，再根据病情病因确定有效的治疗药物；其次给药方法要正确，使药物的效能得到充分发挥，尽可能减少药物带来的副作用。不同的给药方法，对虾病治疗的效果也不同。

常用的小龙虾给药方法有以下几种：

1. 挂袋（篓）法

挂袋（篓）法主要是对小龙虾进行局部药浴。用药时把药物尤其是中草药放在自制布袋、竹篓里，挂在投饵区中形成一个药液区。

当小龙虾进入食区或食台时，得到消毒和杀灭体外病原体的机会。一般要连续挂3天，常用药物为漂白粉。另外，池塘四角水体循环不畅通，容易滋生繁衍病菌病毒；在靠近底质的深层水体中有大量病菌病毒存在；固定食场附近，小龙虾和混养鱼的排泄物、残剩饲料集中，病原物密度较大。必须在这些地方泼洒药物消毒，还要局部挂袋，这比重复多次泼洒药物有用得多。但此法只在预防及疾病的早期治疗时适用。优点包括用药量少，操作简便，没有危险且副作用小。缺点是不能彻底杀灭病原体，因为它只能杀死食场附近水体的病原体和常来吃食的小龙虾身体表面的病原体。

2. 浴洗（浸洗）法

使用浴洗法时，先将小龙虾集中到一个较小的容器中，放在按特定比例配制的药液中短时间强迫浸浴，来杀灭小龙虾体表和鳃上的病原体。此法可在小龙虾苗种放养时进行消毒。浴洗法有用药量少，准确性高，不影响水体中浮游生物生长的优点。缺点是不能彻底杀灭水体中的病原体，所以通常配合转池或在运输前后预防、消毒时使用。

3. 泼洒法

根据小龙虾的不同病情和池中总的水量算出各种药品的剂量后可使用泼洒法。特定浓度的药液配制好以后，可在虾池内慢慢泼洒，当池水中的药液达到一定浓度时，即可杀灭小龙虾身体及水体中的病原体。

泼洒法的优点是杀灭病原体较彻底，预防、治疗均适用。缺点是用药量过大，水体中浮游生物的生长易受影响。

4. 内服法

把治疗小龙虾疾病的药物或疫苗掺入小龙虾喜吃的饲料中，即为内服法，或者将粉状的饲料挤压成颗粒状、片状后投喂给小龙虾，从而杀灭小龙虾体内的病原体。但是这种方法常在预防或虾病初期使用。这种方法的前提是小龙虾自身必须有一定的食欲。一旦失去食欲，此法就起不了任何作用。

5. 浸沤法

此法只对中草药预防虾病适用。使用时将草药扎捆浸沤在虾池的上风头或分成数堆，可杀死池中和小龙虾体外的病原体。

6. 生物载体法

生物载体法也就是生物胶囊法。小龙虾生病时食欲一般都会大减，病虾很少主动摄食，主动摄食药饵或直接喂药更难，如果把药包在小龙虾喜食的食物中，特别是鲜活饵料中，道理同给小孩喂食糖衣药片或胶囊药物相似，药物异味就不会引起虾厌食了。生物载体法就是利用饵料生物作为运载工具，摄取一些特定的物质或药物，帮助小龙虾捕食到体内，消化吸收而治疗好疾病的方法。像这类载体饵料生物有丰年虫、轮虫、水蚤、面包虫及蝇蛆等天然活饵。丰年虫是常用的生物载体。

第四节　小龙虾病害的观察及诊断

一、现场调查

通过现场调查，了解死亡率增高的原因。看是否存在运输苗种过程中，苗种长时间堆积，运输时间过长，上、下搬运，放养时水温温差过大等问题。要注意的是，在冲换新水时，水流过急也会造成虾的肢体脱落。此外，底质和水质恶化，pH 太高、太低，换水温差过大、过肥，喂饵过量，饲料、有毒物质随肥料带进，饲料营养不全面、水体缺氧以及水体被污染等，都会引起虾的死亡。

1. 发病情况及病因调查

主要应包括以下各项：

（1）发病时间。在一天内发病的时间不同，引起疾病的原因也不同。

（2）发病时的气象条件。气温剧降、台风或暴雨，这些情况均可能是疾病的诱因。

（3）发病动物的表现。哪些小龙虾发病，发病前的异常表现，病体行为上有无异常，每天死亡的情况（包括种类和数量）等。

（4）采取过的预防措施。使用过什么药，用药量多少，用药方法等。

这些情况，主要区分是否已对症下药或用法不当，了解它们帮助很大。

2. 水质调查和分析

按以下步骤进行：

（1）调查水色变化的情况。池水颜色变化能反映生物的活动变化情况。一般调查发病前后水质的变化，水质变黑、变蓝和变红等都是异常的。

如果水色变得清、白，则说明虾池已受毒物污染，或有毒藻类死亡后消耗氧气太多，池中藻类死亡下沉，威胁到虾的生存；如果池水浓而绿，而虾的活动却很迟缓，则有可能是虾受到毒藻类分泌的毒液侵害所致，个别虾会死亡。这时应及时换水，调节池塘的生态环境。

（2）判断水的气味。水的气味变化往往突出显示着水质的变化。如在池旁闻到水有臭味，可知池中有机物已腐败变质，水中溶氧已被耗尽，有毒物质滋生，水质已恶变。

（3）分析水质化学。从现场采取合格水样，对溶氧、盐度、总氮和氨氮、硫化物和酸碱度等进行分析。如果这些项目的数据超出正常范围，或某一数值超过临界点，便可考虑为水质异常，这将导致养殖动物生病或死亡。水质因子的分析，可当作养殖动物发病原因分析和治疗时的重要参考。当排除这一因素后，能更准确地诊断出病因。

3. 养殖环境调查

一般需调查水源中有无污染源、水质的好坏、水温的变化及养殖池周围的农田施放农药等情况。必须对池塘的底质做一定了解：是否有过多的淤泥，池底是否有某种水产动物寄生虫的中间宿主，寄生虫的终末宿主等。水源中如有污染源，可引起水产动物中毒死亡；如果池底有毒物质含量过高，也可能引起水产动物生长障碍甚至死亡；如果养殖区域有很多鸥鸟栖息，池塘内又有椎实螺，就说明养殖鱼类患双穴吸虫病的可能性较大。

4. 饲养管理情况调查

调查的项目包括清塘的药品和方法；养殖的种类和来源；放养的密度；放养对象是否经过消毒以及消毒药品种类和消毒方法；饲料的种类、来源和投喂量等。如果在放养前的池塘未经彻底消毒，就不能排除上一个养殖周期所发生的疾病再次发生；如果投喂的饲料已变质，则可能导致消化系统疾病或食物中毒，摄食减弱。此外，残余的饲料也会引起水质恶化、缺氧和有毒物质的产生，不但影响水产养殖动物机体的健康，也为病原体创造了繁殖的有利条件，导致水产养殖动物发病和死亡；如果苗种来自外地，而又未经预先抽样检查，放养前的苗种带虫、毒情况不清楚，外地流行的疾病就可能被带入本地。

为了弄清曾经采取过的防治措施，必须知道曾经用过的药物和养殖者提供的情况是否相符，弄明白药物是否失效，剂量是否准确。同样，必须实地看一看水质条件，了解排注水的情况，才能弄清导致发病的环境因素。

在实地调查时，为了使诊断工作准确、迅速，调查访问和病体检查需交替进行。一般不会是先完成全部调查访问，再进行检查。也不可能检查全部病体后再去调查访问。等全部调查工作做好后再去进行病体检查，就会耽误时间。尤其在夏天，送检的病体应抓紧时间检查。如果总是拖延时间，天气炎热，病体可能会变质、腐烂或死亡，就无法检查了。这种情况应先进行检查，或在检查的同时询问养殖者。

还存在这样的情况，若病体检查找不出发病的原因，这时就需要通过调查访问来获得信息。

二、病虾观察检查和病原体鉴定

1. 病虾观察检查

如果虾体患病，可对周围水体环境的变化做出相应的反应。疾病发生过程可分为急性和慢性。如果见到虾处于不安状态，浮游于水面，时而跳蹿，朝着进水口游动或聚集在一边，则表示池水中已有有毒物质产生；如果浮游于水面的虾，经惊扰而不下沉，或沉之又起，或侧卧岸边、浅滩或水草上，甚至跳滩上岸，则表示水中氧气不足，已引起浮头现象；如果虾体色灰暗，离群索居，且体表有异物附着，活动减弱，在池边陆续发现死虾，则是虾患有慢性疾病的证明；如果虾体质和体色与正常虾相差不大，但病变部位有些改变，死亡率较高，则为急性疾病。

病虾检查的范围很广，包括外部症状检查、内部症状检查、病原体鉴定及组织病理学检查。首先，应确保正确取样，有一定数量，症状有代表性；然后，观察病虾的行为、活动情况，如在水中及离水后的情况，再检查体表是否有附着物，附着物的颜色、形态等；检查体表的颜色、斑块，检查有无损伤、穿孔等。以上的检查可帮助鉴定虾体是否遭遇体外寄生物、霉菌或细菌等的侵害。

病体检查的步骤一般是由表及里，即先检查病体的体表，再检查病体的内脏和器官。每个组织器官的检查必须先用肉眼观察（目检），再用显微镜观察（镜检）。目检和镜检是相辅相成的，不能彼此替代。具体的检查顺序和方法如下：

（1）整体观察。

将虾病体放在白色的瓷盘中进行整体观察。记录下病体的种类、个体的大小和体重。

（2）体表观察。

首先要观察病体的体色有无异常，甲壳、眼睛和附肢等是否正常，有无异物附着。虾若患病往往可以看到甲壳色泽发生变化，如甲壳上出现黑斑，白斑或白色小点，或甲壳泛出红色等；有时还表现为甲壳、附肢或眼睛溃疡、变色、穿孔及附肢缺损等症状。发现可疑症状后可用镊子夹取一点黏液和病变部位的残片或附着物，进行镜检。

（3）鳃部检查。

水产动物疾病诊断时不可缺少的一个步骤是对水产动物病体的鳃部进行检查。目检时若未发现异常，就必须进行镜检，尤其对虾的苗种进行病体检查时更要按照这种方法。

鳃部检查的重点是检查鳃丝，看鳃丝颜色（如黑鳃病往往表现为鳃丝发黑），鳃丝是否有肿大腐烂现象，颜色发白还是发黄，是否有寄生、附着物存在。必要时还可用解剖镜观察。先用肉眼观察鳃部是否有鳃丝肿胀、色泽变深或变淡等异常情况，然后剪取一些鳃丝放在预先滴有水滴（用蒸馏水或自来水）的载玻片上，盖上盖玻片，做成一个简单的水浸片，进行镜检。

（4）内脏检查。

检查虾体内脏时，要将虾的头胸甲打开，近内脏各组织器官完全暴露，各个脏器要分开检查，观察各个内脏器官发生异常变化与否。如未发现异常，可检查其消化道。检查时将肠道剖开，检查消化道内有无食物，食物种类包括哪些，再观察内壁有无异常等；然后将从可疑部位刮取的黏液或一些病变组织放在加有生理盐水的载玻片上，加盖盖玻片，压平后进行镜检。将整个消化道分为前、中、后3段，分别刮取黏液进行镜检；最后把肠放入盛有生理盐水的培养皿中并刮下肠内壁的全部黏液，适当搅拌使之在生理盐水内稀释，取出肠道，静置几分钟后轻轻倒去上清液，再加入生理盐水，反复几次直到上清液变清，再将沉淀物吸入几个培养器中，用肉眼在光线亮的地方仔细观察，或在解剖镜下检查。

在对虾类病体的内脏进行检查时，对生殖腺、心脏、肝胰腺和消化道的检查与鱼的病体检查基本相同。在对排泄器官进行检查时，应先观察第二触角基节处是否有变黑坏死的症状。如发现有病变，应对排泄器官进行剖检，或用FAA液（福尔与林-醋酸-酒精固定液）固定，进行组织切片检查。对虾类进行血淋巴检查时，应先将其头胸甲洗净，再用纱布将水吸干，在头胸甲的中心区钻一小孔，将小型注射器或尖头吸管插入围心窦，吸取少量的血淋巴滴在载玻片上，立即盖好盖玻片进行镜检。对血淋巴做细菌的分离培养时，则必须对虾蟹的头胸甲及使用工具进行彻底的消毒。

（5）病体检查的注意事项。

①挑选那些病情较重、症状典型或濒临死亡但并未死亡的个体作为送检对象，死后不久的个体也可以。这就要求检查工作最好在现场进行。

②病体检查时尽量多检查一些患病个体比较好。一般来说，被检查的个体越多，诊断准确的可能性越大。在混养池塘，还应检查不同种类的病体，以某一种水产动物的病体来代替另一类水产动物的病体是不行的。病体解剖检查时要十分细致，必须将解剖工具清洗干净，解剖工具不能沾有药品，每一病体及每一器官的解剖工具都是如此。解剖内脏时要防止剪破内脏，尤其避免消化道内的脏物污染其他内脏器官。

③检查淡水虾病体时，如果有必要的话可用自来水清洗体表和鳃部。在检查内脏时，则不论对象的种类如何，都必须搭配与之相适应的生理盐水。

④镜检的病体组织、黏液、薄面必须透光。如果组织堆积在一起，可用自来水或生理盐水稀释化开，压上盖玻片，压平制成水浸片

即可观察。

在对病体检查和调查时，如果发现病体同时被几种寄生虫寄生或同时患几种疾病时，都应记录下来，那些危害程度严重、发病急的病应最先进行治疗。

2. 病原体的鉴定

有些虾病，借助解剖镜、光学显微镜才能对其进行更深入的病原、病理检查。它们不属于凭目检就可准确诊断的比较明显、病情较单一的疾病，而要进行镜检才能确诊。有的还要进一步采用电镜检查，组织、细胞培养等才能确定病原体。

镜检是有选择地进行的，一般只检查目检时所确定的病变部位。检查的部位和顺序也与目检相同。检查方法是这样的：从病变部位取少量组织或附着物，置于载玻片上。鳃的组织或体表附着物可加上少量的自来水。内脏组织应加少量生理盐水（0.85%食盐水），然后加盖玻片，并压平置于光学显微镜下观察。为保准确，在每个病变部位，至少检查3处。

当同一养殖水体存在两种以上病原体时，就需对各种病原体及其感染强度、对虾的危害程度进行分析判断，以便确定主要病原体和次要病原体，制订进一步的管理措施和治疗措施。根据所用物的性能和对病原体的忍受能力，可杀灭主要病原体，并对次要病原体采取治疗或分别隔离治疗的措施。

对于虾患细菌性和病毒性疾病的情况，临床诊断时，如果仅凭肉眼观察内脏器官病变症状，很难做出准确诊断。要准确诊断这些病，尤其对症状类似的病的诊断，需要通过微生物学、血清学检查和PCR技术等手段进行判断。例如，采用荧光抗体法、酶抗体法、酶联免疫吸附试验、点酶法、中和试验法、血清凝集试验法、病原分离培养及病理诊断等比较复杂的方法，对病原体进行诊断。实际生产中，养殖场和一般的疾病诊断部门不可能做这样的诊断。只有有条件的研究所或高等院校的微生物实验室可对病虾样本进行鉴定。

诊断中毒或营养性疾病时还需对饲料、池水和虾体等进行综合分析；肿瘤病则需通过组织切片来确诊。

整个诊断过程中，应将调查到的第一手资料，结合各种病害的流行季节、不同阶段的发病规律，综合分析进行比较。这样方可找出病因，准确诊断，确定治疗方案，对症下药。要对整个诊断、治疗过程中所得的数据、资料、分析结果进行记录，及时总结，积累相关经验。

第五节 小龙虾主要病害及防治

一、白斑综合征

由白斑综合征病毒（WSSV）引起的白斑综合征是迄今为止危害小龙虾最为严重的一种疾病。在长江下游地区，该病发病时间为4~7月。每年导致小龙虾养殖业遭受巨大的经济损失。

病原与病症：是由白斑综合征病毒引起的细菌感染。感染后的小龙虾主要表现是：活力低下，附肢无力，应激能力较弱，大多分布在池塘边；体色较暗，部分头胸甲等处有黄白色斑点；剖检后可见到胃肠道是空的，一些病虾有黑鳃症状；部分病虾肌肉发红或者呈现白浊样。一般大规格虾先死亡，此病在长江下游地区7月中旬停止。

防治方法：

（1）放养健康、优质的种苗，做好苗种的检疫和消毒。小龙虾养殖的物质基础是种苗。种苗也是发展健康养殖的关键环节。选择健康、优质的种苗，可以从源头上切断WSSV的传播链。

（2）控制好放养的密度。苗种放养密度过大，容易导致虾体互相刺伤，大量的排泄物、残饵和虾壳、浮游生物的尸体等不能及时分解和转化而留在水体中，产生非离子氨、硫化氢等有毒物质，使水中溶解氧不足，造成小龙虾体质下降，抵抗病害能力减弱。

（3）及时喂养精饲料，提高虾的抗病能力；适时投喂抗生素药饵，做到早期预防。

（4）改善栖息环境。加强对水质管理，移植部分水生植物，定期清除池底过厚的淤泥，勤换水。可使用适量的微生态制剂如光合细菌、EM菌等，调节池塘生态环境。

（5）应认真处理已死亡的病虾，将其在远离养殖塘处掩埋，避免病毒的进一步扩散。

二、黑鳃病

此病主要是由于水质严重污染，小龙虾鳃丝受真菌感染引起的。由于受多种大量繁殖的弧菌、真菌感染，虾鳃变为黑色，引起鳃萎缩、局部霉烂。病虾看起来行动迟缓，伏在岸边不活动，后因呼吸困难而死。另外，池塘底质严重污染，池水中有机碎屑较多。这些碎屑随着呼吸附于鳃丝，也会使鳃呈黑色，影响虾的呼吸。

虾体长期缺乏维生素，影响虾体正常生理活动，同时会导致小龙虾体质变弱，鳃丝发黑，诱发小龙虾大量死亡。

防治方法：

放养前，用生石灰彻底消毒，经常加注新水，保持饲养水体清洁，溶氧充足。养殖过程中定期泼洒生石灰水调节水质。

经常清除虾池中的残饵、污物。

把患病虾放在每立方米水体3%~5%的食盐中浸洗2~3次，每次3~5分钟；或用10毫克/升亚甲基蓝溶液全池泼洒。

用浓度0.3毫克/升二氧化氯溶液全池泼洒消毒，并迅速换水。

三、烂鳃病

当多种弧菌、真菌大量侵入虾的鳃部组织时，会导致虾的鳃丝发黑、局部霉烂，造成鳃丝缺损、排列不整齐，严重时会引起虾死亡。水质不清洁、溶氧量低、池底有机质较多的池塘中此病较易发生。

防治方法：

虾池中的残饵、污物要及时清除，并注入新水，保持水体环境良好，确保养殖环境的卫生安全，保持水体中溶氧量在 4 毫克/升以上，避免水质遭污染。

种植水草或放养绿萍等水生植物。彻底换水，使水质变清、变干净。如果不能大量换水，就使用水质改良剂改善水质。

用二氯海因 0.1 毫克/升或溴氯海因 0.2 毫克/升化水全池泼洒，隔天再用 1 次，治疗效果显著。

养殖水体按每立方米 2 克漂白粉的用量，溶于水中后泼洒，疗效明显。

施用池底改良活化素 20～30 千克/（亩·米）+复合芽孢杆菌 250 克/（亩·米），改善底质和水质。

用强氯精 0.3 毫克/升或漂粉精 0.5 毫克/升化水，全池泼洒。

四、其他鳃病

因为小龙虾主要靠鳃进行呼吸，所以它的鳃病比较多。下面是一些不太常见的鳃病，因为它们的特征、危害和防治情况有类似之处，所以将其放在一起进行介绍。

1. 红鳃病

红鳃病是由于虾池长期缺氧及某种弧菌侵入虾的血液而引起的全身性疾病。病虾鳃部由黄色变成粉红色至红色，鳃丝增厚、加大，虾体附肢变成红色或深红色。

2. 白鳃病

在藻类大量繁殖、池水 pH 过高和长期不换水、水质败坏的池塘，白鳃病较易发生。病虾鳃部明显变白，鳃丝增生。

3. 黄鳃病

可能由于藻类寄生，也可能是细菌感染引起的。病虾初期鳃部为淡黄色；中期鳃部呈橙黄色；后期为土黄色。伴随有行动呆滞，不摄食现象。

防治方法：

采用二氧化氯 2～3 毫克/升溶液浸浴，连续使用 2～4 次即可治愈。

五、甲壳溃烂病

虾体在运输过程中会因碰伤、池底恶化、水质不好、营养不良等原因而导致弧菌等细菌大量繁殖，引起该病。病虾的甲壳局部会出现黑褐色溃疡斑点，严重时斑点边缘溃烂，出现较大或较多孔洞导致病虾内部也被感染。有时病虾触须、尾扇、附肢也有褐斑或断裂。发病小龙虾活力明显不足，出现摄食下降或停食现象，常浮于水面或匍匐于水边草丛，最终死亡。

防治方法：

加强水质管理，用池底改良活化素结合光合细菌或复合芽孢杆菌调节水质。

捞、运输和投放虾苗虾种时，不要堆压和损伤虾体，要求动作轻缓，尽量使虾体不受或少受外伤。

改善水质条件。精心管理、喂养，按照"四定"原则投饵，避免残饵污染水质，并为其提供足量的隐蔽物。

每亩用 5～6 千克的生石灰兑水全池泼洒。

六、烂尾病

小龙虾受伤、相互蚕食或被几丁质分解细菌感染都会引起烂尾病。病虾在感染初期尾部有水泡，边缘溃烂、坏死或残缺不全。随着病情的加重，溃烂发展至中间。特别严重时，病虾的整个尾部都会溃烂掉落，甚至导致小龙虾死亡。

防治方法：

运输和投放虾苗虾种时，不要对虾体造成堆压和损伤。

合理放养，控制放养密度，将水源调控好。

饲养期间饲料要投足、投匀，防止小龙虾因饵料不足相互争食或残杀。

发生此病时，每亩水面用强氯精等消毒剂化水全池泼洒，病情较严重的连续泼洒两次，中间间隔一天；或用茶粕 15～20 毫克/升浸液全池泼洒；或用生石灰 7.5～9 毫克/升溶液全池泼洒；全池泼洒二溴海因 0.3 毫克/升也可。

七、肌肉变白坏死病

盐度过高，密度过大，温度过高，水质被污染，溶氧过低等不良环境因素会引起此病。在以上因素突变时此病更易暴发。起初只是小龙虾尾部肌肉变白，随后虾体前部的肌肉也变白。肌肉坏死，虾死亡。

防治方法：

放养密度控制好。

注意水的温差，在亲虾运输、幼体下塘时不能太大。经常保持水质清新，溶氧充足，发病会减少。

在高温季节要防止养殖池塘水温升高过快，或突然变化。应经常换水，注入新水以及增氧。改善小龙虾居住环境，保持水质良好，能预防此病发生。

八、出血病

此病来势凶猛，发病率高，是由气单胞菌引起的虾败血病。病虾体表布满了出血斑点，大小不一，附肢和腹部尤为明显，肛门红肿。小龙虾一旦染上出血病，就会在短时间内死亡。

防治方法：

及时隔离病虾，并对池水进行消毒，用生石灰 37~45 毫克/升化水全池泼洒。

每亩取 750 克烟叶用温水浸泡 5~8 小时后全池泼洒。同时在每千克饲料中添加盐酸环丙沙星原料药 1.25~1.5 克投喂，连续喂 5 天。

九、纤毛虫病

当累枝虫、聚缩虫、单缩虫和钟形虫等纤毛虫附着在虾和受精卵的体表、附肢、鳃上时，肉眼可以观察到小龙虾外壳表面有一层比较脏的东西，用水很难达到清洗目的。这些纤毛虫会妨碍虾的呼吸、游泳、活动、摄食和蜕壳等行动，影响虾的生长发育。病虾行动迟缓，对外界刺激没有敏感反应。大量附着时，会引起虾缺氧，继而窒息死亡。

防治方法：

经常加注新水、换水，保持水质清新；彻底清塘消毒，杀灭池中的病原。

经常采用池底改良活化素、光合细菌、复合芽孢杆菌改善水质和底质，使水的有机质含量降低。

用硫酸铜、硫酸亚铁合剂（5：2）0.7 克/米³ 全池泼洒。

用 3%~5% 食盐水浸洗，3~5 天为一个疗程。

将患病的小龙虾放在 200 毫克/升醋酸溶液中药浴 1 分钟，大部分固着类纤毛虫可被杀死。

十、烂肢病

弧菌能分解几丁质，当其侵袭到小龙虾体内时，会造成虾腹部及附肢腐烂，呈铁锈色或烧焦状，肛门红肿，摄食量减少甚至出现拒食等现象，虾的活动明显迟缓，严重时则会死亡。

防治方法：

在捕捞、运输、放养等过程中动作要轻，不要让虾受伤。

加强水质管理，适时调节水质，可用池底改良活化素结合光合细菌或复合芽孢杆菌起到这种作用。

放养前用 3%~5% 盐水浸泡几分钟。

发病后全池泼洒二溴海因 0.2 毫克/升。

十一、水霉病

原体被许多种真菌感染引起，其中主要为水霉属和绵霉属等。水霉病发生主要是因为小龙虾受伤，真菌趁此入侵感染，未受伤的一律不感染。一般小龙虾在捕捞、运输或过池搬运过程中易感染此病，当水质恶化、小龙虾体质虚弱时也容易感染该病。症状在患病初期不太明显，明显时会形成肉眼可见的"白毛"，这说明菌丝已侵入虾表皮肌肉，已向外长出了棉絮状菌丝。病虾表现出消瘦乏力，活动焦躁，摄食量下降等特点，严重时小龙虾还会死亡。

防治方法：

注意放养密度要合理，不要过大。

在捕捞、搬运、放养过程中，操作要小心，避免损伤虾体。虾苗进池后，可泼洒一些如强氯精、漂粉精、二氧化氯等消毒药物。

虾大批蜕壳时，增加动物性饲料的投喂量，减少小龙虾互残现象。

用 1%~2% 食盐水对病虾进行较长时间浸浴，收效显著。

用食盐和碳酸氢钠混合溶液（1∶1）以 400 毫克/升全池泼洒。

十二、软壳病

患病虾的甲壳较薄，且明显变软（非蜕壳引起），基本与肌肉分离，易剥离，呈活动能力下降、生长缓慢、体色发暗等症状。该病发生的原因主要有以下几种：一是投饵不足或长期营养不足，导致小龙虾长期处于饥饿状态；二是换水量不足或长期不换水；三是有机磷杀虫剂的使用抑制了甲壳中几丁质的合成；四是池塘水质老化，有机质过多，放养密度过大，水体 pH 低，从而引起小龙虾的软壳病。

防治方法：

适当加大换水量，改善养殖水体水质，供应足够的优质饲料。

施用复合芽孢杆菌 250 毫升/（亩·米），促进有益藻类的生长，维持水体酸碱平衡。

十三、黑壳病

主要是小龙虾体表上被一些附着性硅藻、褐藻、丝状藻等寄生，小龙虾体色变成黑色或墨绿色，小龙虾体质差，活动能力明显下降，不能顺利蜕壳，这可以引起小龙虾大批死亡。

防治方法：

虾池的水源应保证水质良好，无污染。

每亩用 150 千克生石灰清塘消毒。

夏秋季节勤换水，保持水质清新。冬春季节灌满水，并将水质透明度保持在 30~40 厘米。

硫酸锌溶液 0.3~0.4 毫克/升使用一次，隔日用 0.3~0.4 毫克/升溴氯海因溶液泼洒一次。

十四、其他的虾壳病

小龙虾的虾壳病还包括蜕壳困难症和硬壳病等。

1. 蜕壳困难症

小龙虾不能顺利蜕壳而导致其死亡，可能是营养性原因导致的一种疾病。

2. 硬壳病

全身甲壳变硬，有明显粗糙感，虾壳无光泽，呈黑褐色。小龙虾的生长停滞，表现出厌食倾向。这可能是由于营养不良，水质中钙盐过高或池底水质不良，也有可能是由附生藻类或纤毛虫等引发的疾病感染。

防治方法：

为减少该病发生，可增加营养，在饵料中添加藻类或卵磷脂、豆腐等，也可在虾饵中添加蜕壳素来预防。

换池或供应优质饲料及改善水质。

当水质或池底水质不良时，应大量换水或直接换池。

十五、蜕壳虾的保护

1. 小龙虾蜕壳保护的重要性

只有经历蜕壳小龙虾才能长大。小龙虾也只有在适宜的蜕壳环境中，才能正常顺利蜕壳。此时，浅水、弱光、安静、水质清新的环境和营养全面的优质适口饵料才能满足其需要。如果达不到以上要求，小龙虾就不易蜕壳，或因蜕壳不遂而死亡。

小龙虾蜕壳后，机体组织会吸水膨胀，此时它的身体柔软无力，俗称软壳虾。在原地休息 40 分钟左右才能爬动，钻入隐蔽处或洞穴中。因此，此时被同类或其他敌害生物侵袭十分容易。可以说，每一次蜕壳，对小龙虾来说都是一次大的考验。特别是蜕壳后的 40 分钟，小龙虾抵御敌害和回避不良环境的能力完全丧失。在人工养殖时，促进小龙虾同步蜕壳和保护软壳虾，被认为是提高小龙虾成活率的关键点之一。

2. 小龙虾的蜕壳保护

一是给小龙虾提供适宜的水温、隐蔽场所和充足的溶氧，为小龙虾提供良好的蜕壳环境。建池时应留出一定面积的浅水区，以便小龙虾蜕壳之用。

二是放养密度要合理，避免因密度过大而造成的小龙虾相互残杀。

三是力求放养规格一致。

四是每次小龙虾蜕壳前，投的配合饲料中要含有钙质和蜕壳素，最好同步蜕壳。

五是蜕壳期间，一般不需换水，需保持水位稳定，水花生、水浮莲等可以临时充当小龙虾的蜕壳场所，保持该处安静。

十六、中毒

中毒症状根据小龙虾发病情况可以分为两类：一类发病慢，小龙虾出现呼吸困难，摄食减少，零星死亡。这可能是池塘内有机质腐烂分解引起的中毒，属于慢性中毒，毒素积累而死亡；另一类发病急，出现大量死亡，尸体在水体中上浮或下沉，一般清晨池水溶氧量较低时较为明显，属于急性中毒死亡。小龙虾鳃丝表面不存在有害生物附生，也没有典型的病灶。据分析，小龙虾中毒的主要原因包括：一是池底不干净，淤泥较厚，池中有机物腐烂分解产生大量氨氮、硫化氢、亚硝酸盐等物质，引起虾鳃以及肝胰腺的病变，引发虾慢性死亡；二是一些化学品、废油等含有汞、铜、锌、铅等重金属元素，当其流入池内就会导致虾类中毒，一些其他毒性物质也是如此；三是农药、化肥、其他药物进入池中从而导致小龙虾急性死亡，这种情况在靠近农田的养殖小区很容易发生，可能是因为管理不慎或人为因素造成的。这也是目前小龙虾中毒的最主要原因。

防治方法：

在建虾池时要加强巡视，调查周围的水源，看有无工业污水、生活污水、农田生产用水等排入；看周围有无新建排污化工厂；清理污染源，清理水环境。选定符合生产要求的水源后，请环保部门监测水源，看有毒有害物质是否超标；一旦发生中毒事件，要立即进行抢救，将活虾转移到新池中去。新池要经过清池消毒，并冲水增加溶氧量，或排注没有污染的新水稀释。

十七、泛塘

泛塘主要是由于池水溶氧不足引起的。虾种放养过密，投饵或施肥过量，夏季闷热气压较低、雷雨天气，池中浮游生物过多都可能会造成池水溶氧不足。总之，其原因是多种多样的。在夏秋闷热季节黎明前后泛塘较容易发生。池中缺氧时，小龙虾会四处乱蹿，有时会成群爬到岸边草丛处。

防治方法：

池底淤泥过多要及时清除。

使用已发酵的有机肥来控制水质浓度。

将虾种放养密度控制在一定范围内。

为保持池水清爽，要坚持巡塘，常加新水。

十八、生物敌害

小龙虾的生物敌害主要有水蛇、青蛙、蟾蜍、鼠、凶猛鱼类（特别是乌鳢、鳜、鲇、鲈）、鸟类（主要是鹭类和鸥类水鸟）、青苔等。

防治方法：

（1）鱼害。防逃墙要建设坚固，并经常对其维护检查。如在虾池中发现凶猛鱼类，要及时捕杀。严格过滤进水口，防止小害鱼及鱼卵进入池内，并在进水口设置拦网。如发现池中有小害鱼及鱼卵，则要用2毫克/升鱼藤精进行消毒。

（2）鸟害。鸥类和鹭类是水鸟中对养虾场危害最大的，可采用恫吓的方法将其驱赶到其他地方。

（3）其他敌害。水蛇、青蛙、蟾蜍、鼠等都会直接吃食幼虾、成虾，故积极预防十分重要。也可采取"捕、诱、赶、毒"等方法清除敌害。

第八章　小龙虾的捕捞与运输

第一节　小龙虾的捕捞

小龙虾从放养至收获只需很短的时间，生长较快，而且为蜕壳生长，但生长时个体间存在着较大差异。即使放养规格较为整齐的苗种，收获的规格也不一致。为了提高养殖产量，减少因个体差异引起的小龙虾的相互残杀，必须想办法降低养殖水体的生物承载量。当一些虾达到商品虾规格时，应采用轮捕轮放的方法将其捕捞，并且上市。捕捞时，具体还要看苗种放养模式如何。

一、捕捞工具

小龙虾的捕捞方法很多，使用的工具也是多样化的。目前，常见的捕捞小龙虾虾工具有：

1. 虾笼

用竹篾编制成的"丁"字形筒状笼子，直径为 10 厘米左右，两个入口置有倒须，确保虾只能进不能出。可在笼内放入面粉团、麦麸等饵料来引诱小龙虾进去觅食，将其捕捉。通常于傍晚放置虾笼，早晨收集虾笼取虾。可挑选大规格商品虾销售，把小虾放回池中继续养殖。

2. 抄网

抄网又称手抄网，制作简易，使用方便。捕虾时，将手抄网置于水生植物下方或人工虾巢下方，捕大留小，逐块抄捕，效果较好（图8-1、图8-2）。

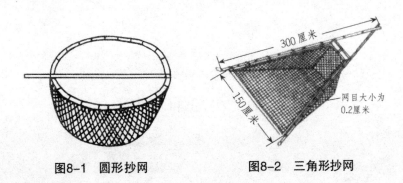

图8-1　圆形抄网　　　　图8-2　三角形抄网

3. 虾球

用竹片编制成的扁圆形空球，直径为60~70厘米，内部可填入竹梢、刨花等。顶端系一塑料绳，用泡沫塑料作浮子就行了。可将虾球放入池塘或其他养殖水域，小龙虾会集于虾球上，定期用手抄网将其捕上来即可。

4. 拖网

聚乙烯网片制作，有点像捕捞夏花的渔网。拖网主要用于大规模的捕捞。捕捞时先将虾池中大部分的水排出，再用拖网拖捕。此外，放水捕虾和干塘捕虾也是可以采用的，最后将虾全部起捕上来。

5. 地笼网

可分为两种，大地笼网和小地笼网。前者体积较大，不需要每天重复收起、放下，每天只要分两次（小龙虾多的池塘要数次）从笼梢中取出小龙虾即可，7~10天左右收起地笼网，冲洗干净，再放入池中；后者体积较小，必须每天数次重复放下、收起和取虾。

（1）结构。用6个钢丝制长方形框架装配网衣，两侧有4个倒须网，进入地笼网的虾由倒须网引导后进入取虾部（即笼梢），即可将其捕获。

①钢丝制框架，直径2毫米，长方形，宽20厘米，高16厘米，共6个；身网网衣由3根聚乙烯单丝机编而成，网目大小为1.2厘米，周目104目，长约157目；侧网倒须网由聚乙烯单丝编成，网目大小为1厘米，周目约132目，纵长16目，共4片；取鱼部倒须网由身网网衣编成，尺寸与侧网倒须网相同。

②锻铁制沉子，长6厘米，宽、厚各0.8厘米，两端和上、下方均开有槽，缚结很方便，每两侧倒须网口中部下方均缚1个结，共4个。

③聚乙烯线扎网线和网筋，3股左捻，直径1毫米。

④浮标，竹、木制均可，也是用于固定笼位的。

（2）装配。6个框架形成5挡，在1~4挡两侧间隔各装一倒须网，共4个；两侧网同框架高度方向缝合32目；上下由网筋穿过34目，尾部由网线穿过后，两边结扎中间留倒须口，然后与框架连接，在第5挡由前后设置取鱼部倒须网，尾部经网线穿过后与最后1个框架连接，导向取鱼部。

网长度方向前端25目端用扎线封口，中间100目分5挡，每挡20目成框架间距网目数，末端32目成取鱼部，并结扎浮标、标杆成标志。笼体长1米，截面积0.032米^2。

（3）用法。适用水域广，可在江河、湖泊、塘库底部作业，主要在底貌平坦、水深10米以内的地方，敷设于水底。全年生产，4~10月为旺季。可十几只或几十只串联起来作业。首尾端用竹木标杆或浮子、浮标固定和确定笼位，按顺序投放。静水处一般与岸垂直，流水处的网口对着来鱼、虾的方向。鱼、虾、蟹等活动方向受阻，就会由两侧倒须网进入笼体而被捕获（图8-3）。

（4）注意事项。有以下几点：

①捕捞前不得使用任何药物，休药期之后方可起捕。

②选择捕获量高的地笼网，购买时注意其做工。

③要控制好地笼网的网眼，以不卡住未达到上市规格的虾种及虾苗为准。

④下好后的地笼网笼梢必须高出水面，使进笼的小龙虾透气方便。

图 8-3　地笼网捕捞小龙虾

⑤经常察看下好后的地笼网，地笼网中的小龙虾数量不可堆积过多，避免小龙虾因窒息死亡。

⑥地笼网使用 7~10 天后，必须进行彻底冲洗、曝晒，可提高捕获量。

⑦对捕获的虾进行分拣，把未达上市规格的虾放回原池中，不可挤压；放养的地方尽量离地笼远一点，小龙虾离水时间不宜过长。

二、轮捕上市

小龙虾的捕捞时间与种苗放养有关。春季放养的苗种，经过 2~3 个月的养殖，一般在 6 月中下旬就可以起捕。养殖者可利用小龙虾生长的个体差异，捕大留小，分阶段上市。秋季留放的小龙虾亲虾或抱卵虾，至翌年春季根据繁殖情况，及时捕捞出亲虾，一般捕捞时间在 4 月上中旬。通过轮捕可以控制池塘内虾苗的存塘量，把虾苗密度保持在一个适合的范围内，可提高生长速度，同时可起到提高单位面积产量和经济效益的作用。

第二节　小龙虾的运输

　　小龙虾的运输分为幼虾（虾苗、虾种）运输与商品虾运输两类。幼虾运输目前通常采用塑料周转箱加水草运输，装箱厚度不宜过大，运输过程中要注意保持环境湿润，避免阳光直射。商品小龙虾由于生命力很强，离水后可以存活很长时间，因此，相对而言商品小龙虾的运输较为方便、简单。

一、小龙虾苗种高密度运输技术

　　总体看来，传统的小龙虾苗种运输方法比较简陋，不能较好地实现高密度运输。以前较多使用蛇皮袋装运，由于没有支撑的架体，抵抗破坏的能力差，无法堆高，车厢空间得不到充分利用。由于挤压严重，运输成活率较低。用水箱运输则不便捷，用水量大，且运输效率低，运输成本较高。

　　小龙虾苗种高密度运输技术，通过使捕捞技术完善，可以减少捕捞对小龙虾苗的伤害；通过暂养停食，可减少排泄量；采用聚乙烯网布的钢筋网隔箱（图8-4），可相互叠加，提高运输能力；通过添加水草，可保持运输环境湿度。这些都提高了运输成活率，做到了高密度运输。

　　具体方式是这样的：

　　（1）捕捞。采用地笼网捕捞小龙虾苗种，每天早、中、晚重复放下、收起和取虾。下好后的地笼网笼梢高出水面，便于笼内的小龙虾透气。

　　（2）暂养。将从养殖池捕捞上的小龙虾苗种，放在水泥池中暂养，排污4~6小时。

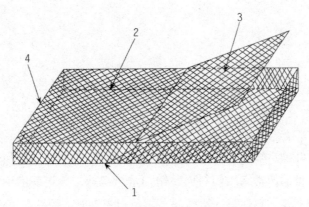

图8-4 小龙虾苗种运输钢筋网隔箱

1. 网隔箱框架支撑钢筋，圆柱形，直径为0.3厘米，相互焊接成四边形框架 2. 聚乙烯网布，网目大小为0.1厘米，捆扎覆盖在整个框架的四面 3. 活动盖板，大小为40厘米×40厘米，可打开 4. 塑料软管，单面剖开后用网绳固定在钢筋框架四周，防止网隔箱相互垒叠摩擦使聚乙烯网布破损

（3）挑选。应选体色纯正，体表无附着物，躯体光滑，附肢齐全，无病无伤，活动能力强的小龙虾苗种，有病有伤的虾苗要去除。

（4）运输。采用80厘米×40厘米×10厘米聚乙烯钢筋网隔箱分层运输，网隔箱底铺少量水草后放入小龙虾虾苗种，然后再覆盖少量湿润的水草。每只网隔箱放5千克小龙虾苗种，网隔箱要一只一只地垒叠。此外，每两个小时向箱体喷洒一次清水，保持虾体湿润。这样运输的小龙虾成活率在95%以上。

（5）放养。经过8小时的运输，抵达目的地后将虾连同箱子放入水中浸泡1~2分钟，提起静放1~2分钟再浸泡，如此反复4~5次，确保小龙虾鳃部充分吸水。

二、成虾运输

小龙虾成虾运输一般采用干法运输，在运输的过程中，要讲究运输方法。

第一，即将进行运输的小龙虾要挑选体质健壮、刚捕捞上来的。

竹筐、塑料泡沫箱均可作为运输容器,每个竹筐或塑料泡沫箱最好装同一规格的小龙虾。先将小龙虾摆上一层,用清水冲洗干净,再摆第二层,摆到最上一层后,铺一层塑料编织带,浇上少量水后,撒上一层碎冰。每个装虾的容器要放 1.0~1.5 千克碎冰,盖上盖子封好。用塑料泡沫箱作为装虾苗的容器时,要事先在泡沫箱上开几个孔隙。

第二,要计算好运输的时间。正常情况下,将运输时间控制在 4~6 个小时。如果时间较长,就要在中途打开容器浇水撒冰,如果中途没有加水加冰的条件,事先就要多放些冰,防止小龙虾因长时间的高温干燥环境而大量死亡。装虾的容器不可堆积得太高。一般在 5 层以下即可。堆积过高会压死小龙虾。在小龙虾的储藏与运输过程中,正常的话,死亡率为 2%~4%。超过这个范围,储运方案就需改进。

为了提高运输的成活率,使损失降至最低,在小龙虾的运输过程中要注意以下几点:

①运输前尽量挑选体质强壮、附肢齐全的小龙虾个体进行运输,体质差、病弱有伤的个体要剔除。

②需要运输的小龙虾,要进行停食、暂养,让其肠胃内的污物排空,避免运输途中的污染。

③选择好合适的包装材料。短途运输,只需用塑料周转箱,上、下铺设水草,中途保持湿润就行;长途运输,必须用带孔隔热的硬泡沫箱,加冰,封口,然后低温运输。

④包装过程中要摆放整齐,不宜堆压过高,一般不超过 40 厘米,否则会使底部的虾因挤压而死亡。

⑤有条件的,在整个运输过程中,将温度控制在 1~7℃,这样小龙虾会处于半休眠状态,氧气的消耗及小龙虾的活动量减少,温度保持稳定,防止小龙虾脱水死亡,以提高运输的成活率。

第九章　小龙虾养殖与加工问答

第一节　小龙虾养殖问答

1. 问：人工养殖的小龙虾有哪些优点？

答：将小龙虾作为人工养殖对象，具有以下优点：

（1）小龙虾个体比较大，雄性小龙虾体长可达 15 厘米以上，体重 50~70 克；雌性小龙虾体长可达 10 厘米以上，体重 50 克左右。

（2）小龙虾出肉率比较高，约占体重的 20%，含蛋白质 16%~20%，干虾仁蛋白质含量高达 50% 以上。占体重约 5% 的虾黄（肝），味道极为鲜美，营养丰富，含有大量不饱和脂肪酸、蛋白质、游离氨基酸和微量元素等，营养价值很高。小龙虾壳富含钙、磷和铁等重要的营养元素，食用小龙虾后铁元素与人体内的血蛋白结合，会使人产生兴奋的感觉，人们由此特别喜食小龙虾。虾壳还可以加工成饲料添加剂，加工成几丁质和甲壳糖胺等重要的工业原料，应用于农业、食品、医药、烟草、造纸、印染和日化等广泛领域。

（3）湖泊、池塘、湿地、江河、水渠、水田和沼泽地等都能养殖小龙虾，因为小龙虾的生命力很强，对养殖水体的水质要求不高。

在一些养殖鱼类不能存活的水体中，小龙虾也能生存，并能承受40℃以上的高温和-15℃以下的低温，无论在我国南方还是北方，都可养殖小龙虾并保其自然越冬。

（4）繁殖力比较强，雌虾每年4月中旬至7月下旬产卵。受精卵发育快，孵化率高，"抱仔"通常达200尾左右。同时，苗种可通过自繁、自育和自养获得，容易解决，不会用到复杂的繁殖育苗设备。

（5）生长速度快，仔虾孵出后，在温度适宜（20~32℃）、饲料充足的条件下，经60~90天的饲养，即可长成成虾；此外，抗病力比较强，暴发性疾病少，因而成活率比其他虾类高。

（6）耐运输，活虾离水后一般能存活5~7天，活虾比其他虾类外运成活率高。

（7）易饲养，销售形势好。小龙虾价格合理，适合社会各阶层人士消费。出口的热销货有冻龙虾、冻虾仁、冻虾黄、虾露和虾味素等系列产品。同时，国内的不少龙头企业的加工和出口需求量大，养殖产品销路不用愁。

（8）小龙虾可生产软壳龙虾，死亡率仅为0.08%，可以忽略不计。可食部分可提高到90%以上，并且有虾体干净卫生、外观好看的特点，也可充分利用虾黄，其商品性好。如果采用科学的方法暂养软壳虾，可保持1周内壳不硬化，软壳虾不死。

2. 问：发展小龙虾人工养殖应注意哪些问题？

答：（1）新引进的种苗，必须经过检疫，防止传染性病原被带入养殖区域。从国外引进新品种时，必须遵循我国相关的法律和法规进行申报，只有经过专家论证、国家行政主管部门审批后才能引进。

（2）选择养殖场地以及规划生产布局，要考虑到小龙虾的生活习性。

（3）要具备水产养殖管理与养殖技术的人，才能做到科学养殖。

（4）苗种、饲料、药物等的来源与生产工具的配置。

（5）商品虾的营销及国内外市场的开拓。

（6）小龙虾病害的防控问题。

3. 问：人工养殖时小龙虾会生病吗？

答：小龙虾适应环境的能力较强，粗放的养殖方式也不例外，只要养殖者采用比较适宜的饲养方式，就可以获得良好的经济效益和环境效益。但是，如果以为小龙虾在水质较差的污水沟中都能活动，就想当然地认为小龙虾对生存环境的要求不高，抗病能力很强，不会在养殖过程中发生任何疾病的话那就错了，人工养殖小龙虾也难以成功。

2008年5月中旬，湖北省汉川市、咸宁市等地养殖的小龙虾发生暴发性疾病，并且大量死亡。随后在武汉市的汉南区、东西湖区也有此病发生。至6月中旬，武汉市江夏区、江陵、沙市、监利、洪湖、潜江、汉川、武穴、黄梅、沙洋、钟祥等地均有大面积发病，发病原因不明。据了解，在江苏和安徽等省也发生类似疾病。这种大范围的小龙虾的暴发性疾病，由于搞不清楚发病的原因，无法采取相应的对策，导致更大量的、各种规格的小龙虾出现暴发性死亡，最终使广大小龙虾的养殖者蒙受了巨大的经济损失。

实际上，国外学者的研究表明，小龙虾体内可携带多种病毒（美国的资料表明有10多种）、有致病能力的细菌（至少在9种以上）和寄生虫（至少有10种之多）。它们在一定条件下会引起疾病的发生。但在适合小龙虾的养殖环境中，可能长期处于"潜伏状态"，因此并没有引起疾病的发生与流行。

但是，这些在小龙虾体内"潜伏"着的致病生物，究竟在何种环境下具有致病性？在什么条件下不会引起疾病的发生？我国大面积暴发疾病的致病生物（或者致病原因）究竟是什么？种种难题还需深入研究。

与其他任何水产养殖对象一样，小龙虾对养殖环境的要求也是严格的。在养殖过程中也可能遭遇各种传染性和寄生性疾病，部分疾病的危害是极为严重的。因此，根据对小龙虾的生理和生态特点的了解和掌握，选择适宜小龙虾的养殖方式，积极预防养殖过程中疾病的发生，是成功养殖小龙虾的基础。

4. 问：小龙虾会对水利设施造成损伤吗？

答：小龙虾具有较强的掘洞能力，在水体无石块、杂草及洞穴的情况下，常在堤岸处掘穴躲藏。在水位升降幅度较大的水体以及繁殖期，所掘洞穴深；在水位稳定的水体和越冬期，所掘洞穴浅；在生长期，基本不掘洞。人工洞穴和水体内原有的洞穴及其他隐蔽物都能作为小龙虾的洞穴。经过多年的养殖生产实践的推广和种群扩散，小龙虾并未对堤坝、圩闸等水利工程设施造成严重破坏，此前人们对此十分担忧。但在洪涝季节，防洪大坝上若有一定量的小龙虾洞穴，则可能产生管涌，乃至溃坝，应当引起重视、加强防范。为减轻该虾对池埂、堤岸等水利设施的破坏，养殖者可适当增放人工巢穴，并保持池水水位稳定，经常为小龙虾提供充足的饲料。

5. 问：小龙虾养殖池塘的防逃设施怎样建造？

答：小龙虾攀爬逃跑的能力较强，池塘养殖小龙虾时，一定要修建好防逃设施。

（1）砖墙防逃。在池埂靠内侧砌一道砖墙，墙厚 11 厘米，高 20~30 厘米，墙基深 10 厘米左右。把墙内的水泥勾缝用水泥抹平，墙顶横入一块砖，向内延伸约 5 厘米成倒挂。这种防逃方式坚固耐用，可用长达 10~15 年的时间。

（2）塑料薄膜防逃。在池埂的内侧插上高 30~40 厘米的竹片，竹片间隔 40~50 厘米，竹片下部内侧贴上厚塑料薄膜，高 20~30 厘米，再在薄膜内加插竹片，间隔同外竹片对应，并用绳夹牢固。同时，对夹牢固的塑料薄膜增加培土，一并打实，以防小龙虾借机逃逸。但需注意的是，这种防逃方式不耐用，一般只能用 1 年。

（3）玻璃钢防逃。玻璃钢大多数是指聚乙烯塑料板块，一般约 1 毫米厚，把高度 30~40 厘米的平板玻璃钢插在池埂内侧的 1/3 处，深入土层 15~20 厘米，内外两侧均用木桩加固，桩距 70~80 厘米。这种防逃方式可用 6~8 年。

（4）石棉瓦块防逃。将高度 1.2 米或 1.8 米的石棉瓦块分割成 2~3 段，插在池埂内侧 1/3 处，入土深 10~15 厘米，注意瓦与瓦扣齿交垫，最好不要有缝隙。瓦的内外均用木桩或竹桩固定好，桩距 0.8~1.0 米。这种防逃方式的寿命为 3~5 年。一般不超过池塘总面积的 1/2 最好。

6. 问：利用稻田养殖小龙虾有哪些优越性？

答：（1）种植业与养殖业高效结合的范例。在同一稻田中既种水稻又饲养小龙虾，把植物和动物、种植业和养殖业结合起来，能使农田生态系统物质和能量保持良性循环，实现稻—虾双丰收。

（2）养殖环境优越。稻田属于浅水环境，浅水期水深仅 7 厘米，深水时也不过 20 厘米左右，所以水温变化较大。建设好鱼沟、鱼溜等田间设施，可以保持水温的相对稳定。此外，水中溶解氧充足（经常保持在 4.5~5.5 毫克/升）、水经常流动交换、放养密度低等优点，所以小龙虾很少生病。

（3）稻田养殖小龙虾的模式，为淡水养殖增加了新的水域。这就不需要占用现有的养殖水面，还开辟了养虾生产的新途径，拓展了养殖的新水域。

（4）有利保护生态环境。利用稻田养殖小龙虾后，大大降低了稻田周边的摇蚊幼虫密度，甚至可降低 50%，成蚊密度也下降了 15%，人们的健康水平也提高了。

（5）增加农民收入。试验表明，利用稻田养殖小龙虾不仅不会降低稻田的平均产量，反而提高了 10%~20%。同时，单位面积内还能收获数量可观的成虾，可以降低生产成本，增加农民的实际收入。

7. 问：在稻田养殖小龙虾会影响水稻的产量吗？

答：稻田的生态系统可以人为控制，稻田养鱼后，能促进稻田生态系统中能量和物质的良性循环。杂草、虫子、稻脚叶、底栖生物和浮游生物，对水稻来说不但是废物，而且都会与之争肥。在稻田里放养鱼虾类，尤其是像小龙虾这一杂食性虾类，不仅可以把这些生物当作饵料，促进虾的生长，而且虾的粪便还是水稻的优质肥料。小龙虾在田间栖息，游动觅食，可以疏松土壤，破碎土表"着生藻类"和氮化层的封固，有效改善土壤的通气条件，加速肥料的分解。这就促进了稻谷生长，达到了稻—虾双丰收的目的。同时，除草保肥和灭虫增肥也是小龙虾的功劳。

稻田养殖小龙虾是综合利用水稻、小龙虾的生态特点，达到稻—虾共生、互利互惠，从而使稻、虾双丰收的一种高效立体生态农业。作为动、植物生产有机结合的典型，也是农村种植业、养殖业立体开发的有效途径。稻田是一个综合的生态体系，人们在种植水稻时要向稻田施肥、灌水，实施各种生产管理。但是稻田的许多营养却被稻田中的其他动植物等摄取，浪费了原有的水肥；放入小龙虾后，整个稻田的生态体系就发生了变化。因为小龙虾可以吃掉消耗稻田养分的几乎所有的生物群落，对生态体系起到"截流"的作用。有效地减少了稻田养分的损失和敌害的侵蚀，促进了水稻生长，还将废物转换成有经济价值的食用小龙虾。

8. 问：对小龙虾的疾病为什么要提倡"以防为主"？

答：防治水产养殖动物疾病的基本方针为"以防为主，防重于治"。重视疾病的预防，对人工养殖小龙虾十分关键。

①因为小龙虾在疾病初期很难被及时发现，当患病后的小龙虾被发现时，整个小龙虾群都已经发展到了病情严重的地步，此时即使采取正确的治疗方法也可能来不及，疗效堪忧。

②因为对小龙虾实施集约化养殖，所以对大量的小龙虾同时给药是很不容易的，既不能像对待陆生饲养动物如猪、牛一样逐尾口灌给药，也不能逐尾注射给药。患病后的小龙虾总是因为丧失食欲而不能摄食足量的药物饵料。

③因为将药物饵料投放在养殖水体后，小龙虾个体摄入的药物剂量只能由小龙虾自己摄食饵料的多少决定。通常结果是健康的小龙虾由于食欲旺盛而摄食了大量药物饵料，而需要治疗的患病小龙虾则因为丧失了食欲反而没有摄食或者摄食量过少，药物摄入量不能达到治疗疾病的剂量。

④因为采用药物治疗人工养殖小龙虾时，药物在水体中扩散会导致对水环境的污染。我国的水产养殖水体大多是开放式的，可能因为养殖用水的随意排放而使污染进一步扩大。

⑤因为生病的小龙虾会影响其生长和商品价值。

9. 问：药物治疗小龙虾疾病有哪些方法？

答：小龙虾疾病的治疗方法主要有口服法、浸浴（药浴）法、注射法、涂抹法和悬挂法等。

（1）口服法。此法有用药量少，操作方便，不会污染环境，不会引起患病小龙虾应激反应等优点。此法常用于增加营养、病后恢复，虾体内病原生物感染，特别是细菌性和寄生虫病。但小龙虾病情的轻重和摄食能力强弱会影响其治疗效果，对病重的小龙虾和失去摄食能力的小龙虾不产生作用。

（2）药浴法。按照药浴水体的大小，主要有遍洒法和浸泡法；根据药液浸泡浓度和时间的不同，可分为瞬间浸泡法、短时间浸泡法、长时间浸泡法和流水浸泡法；疾病防治中经常使用遍洒法。浸泡法操作简便，可人为控制，且用药量少，对体表和鳃上病原生物的控制效果较为理想，还不会对养殖水体的其他生物造成影响，目前工厂化养殖中经常使用这种方法。在人工繁殖生产中，可采用浸泡法对从外地购买的或自然水体中捕捞的小龙虾亲虾及其受精卵进行消毒。

（3）注射法。此法具有用药量准确，吸收快，疗效高（药物注射），预防（疫苗、菌苗注射）效果好等优点，优越性明显，但操作麻烦，容易损伤小龙虾。只对那些数量少又珍贵的亲虾适用，也就是用于繁殖后代的亲本。

（4）涂抹法。此方法用药少，安全性高，副作用小，优点很多。但适用范围小，主要用于少量名贵小龙虾亲虾的疾病治疗。当小龙虾因操作、长途运输后身体受伤，或体表出现病灶时可以采用这种方法处理。对于皮肤溃疡病及其他局部感染或外伤也有效果。

（5）悬挂法。此方法较适宜在流行病季节来到之前或病情较轻时使用。该方法用药量少，成本低，方法简便且毒副作用小，但缺点是杀灭病原体不彻底。只有当小龙虾游到挂袋食场吃食及活动时，才可能起到一定作用。目前，常用的悬挂药物有含氯消毒剂、硫酸铜和美曲膦酯等。

10. 问：如何选择治疗小龙虾疾病的适宜给药方法？

答：（1）根据对患病小龙虾的状况的了解，患病后小龙虾的摄食量一般呈下降趋势，游泳速度也变得比较缓慢，还常出现离群独游的现象。当小龙虾出现食欲严重衰退现象时，即使将药物拌在饲料中投喂，也只有未丧失摄食能力的鱼类能吃进药饵，这时药物的治疗目的很难达到。

还需要注意的是，具有摄食能力的小龙虾吃进了过多的药饵，也可能会导致药害现象的发生。而如果摄食药饵量太少，不仅不能达到控制疾病的目的，反而还有可能导致病原菌对药物产生耐药性。因为药物在小龙虾体内还没达到抑制病原体的浓度。未被小龙虾摄食的药饵可能会在水体中不断释放，这会对养殖水体中的微生态环境产生不良作用。因此，采用拌药饵投喂的给药方式时，一定要考虑患病小龙虾是否尚有摄食能力。

（2）根据病原体的特性，细菌、真菌和各种寄生虫，都可能成为小龙虾的病原体。由于不同的致病生物对药物的感受性是不完全相同的，所以不存在包治百病的药物。因此，在治疗小龙虾的疾病之前，必须首先确定病原，在对疾病做出正确诊断以后，方能选择适宜的药物，也才有可能做到对症下药。

小龙虾如果患病毒性疾病，目前尚没有有效药物。对此类小龙虾用药，主要是为了控制病原性细菌对鱼类的二次感染。对于由病原菌引起的小龙虾疾病，一般采用抗菌药物进行治疗。治疗时还需注意患病小龙虾究竟是全身性感染还是局部感染，不同的感染选择不同的给药方式。弧菌病的病原菌可以通过血液在全身运输，如果在饲料中拌药物直接投喂，效果良好。而对于累枝虫、聚缩虫等体表寄生的部分寄生虫病，由于寄生虫主要寄生在鳃和体表，药物能直接接触到病原体。因此，对这些寄生性疾病的治疗，采用药液浸浴法是比较适宜的。

由寄生虫引起的各种疾病，如寄生在体表的原生动物、大型吸虫和甲壳动物等，采用药液浸浴法能收到良好的治疗效果。而对于体内寄生虫，如寄生在小龙虾的消化道的原生动物、线虫等，必须采用拌药饵投喂的给药方式，才可能治愈疾病。

（3）根据药物的类型，能溶于水或是经过其他溶媒处理就能溶于水的药物，不仅可以作为拌药饵，同时也可以作为药浴用药物。但是，不溶于水的各种药物就不能作为药浴用药物。既能作为拌药饵又能作为药浴用的药物是很少的。药物生产商是根据药物的使用途径和方式的不同制备各种药物剂型的，生产者在选择和使用药物时必须认真阅读使用说明书。根据药物不同的剂型，有些药物在消化道内不易吸收，而通过鳃则比较容易吸收。因此，在使用药物治疗小龙虾的常见疾病之前，深入地了解拟使用药物的特性和使用方法是非常重要的。

11. 问：如何将性质不同的药物添加在饲料中制成小龙虾的药物饲料？

答：小龙虾的饲料，大致可以分为人工配合饲料和鲜活鱼虾等动物性饵料。前者又可分为粉状和颗粒状两种；后者可能是直接用鲜活鱼或鲜鱼做成的鱼糜。将药物混合在饲料中投喂的方法称为拌药饵投喂法。为了避免药物的损失，让小龙虾顺利摄食药饵，使用者此前必须熟知药物的剂型和饲料、饵料的关系。

（1）脂溶性药物制剂。虽然不溶于水的药物制剂可以与任何种类的饲料和饵料混合使用。但是，根据饲料和饵料种类的不同，药饵的制作方法也不同。在配合饲料中，如果是将药物拌在颗粒和微粒饲料中，可以首先采用相当于饲料重量的 5%~10% 的油（鱼油）与药物充分混合，然后将颗粒饲料加入其中，使油和药物的混合物吸附在饲料的表面，阴干 20 分钟后就可以投喂了，治疗效果良好。对于粉状饲料和鱼糜，可以将准备好的药物直接混合在里面。

（2）水溶性药物制剂。把能溶于水的药物制剂用水稀释后，将颗粒饲料放在里面并稍加搅拌，水分被吸入饲料时药物也被吸附在饲料上了。微粒饲料的颗粒通常比较小，遇水后颗粒很容易散开。为了避免这种现象的发生，可以将药物用水稀释后，先加入一定量的淀粉搅拌成稀糊状后，再使其与微粒饲料混合。粉状饲料可直接加入用水稀释后的药液中搅拌成糊状，做成块状药饵投喂给小龙虾。由于鲜鱼和鱼糜中含有大量的水分，药液与之混合后成分容易流失。一旦投入水中后，其中的药物可能很快散失到水体中，很难被小龙虾摄入体内。

因此，水溶性药物比较适宜添加在颗粒饲料中，在鲜鱼和鱼糜中则不宜直接添加。在鲜鱼和鱼糜中添加时需要采用黏附剂，这种方法能尽量防止药物流失。

（3）药物散剂。把一定比例的乳糖、酵母粉等添加到药物中就能制成药物散剂。鱼类的药饵中如果饲料比例过大，就会妨碍消化管对药物的吸收。所以在制作小龙虾的药饵时，应该尽量提高药物在药饵中所占的比例。

第二节　小龙虾的加工与综合利用问答

1. 问：小龙虾冷冻加工的工艺流程由哪些步骤组成？

答：（1）冷冻虾的加工工艺流程。

①冷冻整只虾的工艺流程：原料虾保鲜→原料虾冲洗→分类挑选→分等级规格→洗涤→控水→称重→摆盘→冻前检验→入库速冻→制作冰被（分两次灌水）→脱盘→镀冰衣→包装前测温→包装→检验→冷藏。

②冷冻去头小龙虾的工艺流程：原料小龙虾保鲜→原料小龙虾冲洗→分类挑选→掐头→洗虾（加冰）→分选（加冰）→洗涤→控水→称重→摆盘→灌水（冰水）→翻盘控水→冻前半成品检验→入库速冻→制作冰被（分两次灌水）→脱盘（淋水法）→镀冰衣→包装前测温→包装→检验→冷藏。

③虾仁虾球的工艺流程：原料小龙虾保鲜→原料小龙虾冲洗→分类挑选→剥皮→去肠腺→洗涤→控水→称重→摆盘→灌水（冰水）→翻盘控水→冻前半成品检验→入库速冻→制作冰被（分两次灌水）→脱盘（淋水法）→镀冰衣→包装前测温→包装→检验→冷藏。

（2）原料虾的验收及保管。应及时检查每批进厂小龙虾的质量、卫生、冰融、装箱等情况。对于符合要求的原料虾，要按顺序及时投料加工。当日的小龙虾一定要当日加工，先好虾后次虾，不要积压。应对不能及时投料加工的原料小龙虾积极采取保护措施，可及时放入0~4℃的保鲜库；或以虾与冰1∶3的配比，加入直径不超过3厘米的碎冰。要求冰块洁净，摊散要均匀。虾体应预防蝇蛆、光照、雨淋、风干及其他污染。

（3）原料虾的冲洗。冲洗原料小龙虾要用符合卫生标准的清水，以此才能除去原料虾中的碎泥、泥沙、水草等污染物。

（4）小龙虾生产时有一定的顺序。首先对洗涤后的虾进行分类挑选，先挑选带头虾，再加工去头虾，接下来加工虾仁，最后加工虾球。分选时，不应积压过多的原料虾。气温高时还要加冰保鲜，把选好的虾体置于洁净的容器内。

（5）根据虾的分类，分别进行加工处理。

①带头小龙虾的加工：将按规格选出的带头小龙虾原料仔细洗净，要保证最后一遍水清洁、不混浊，防止出现"红底虾"和"混底虾"。淘洗时动作要轻，不得损伤虾体。把洗后的小龙虾放入漏水的容器中，控水5分钟，控干即可称重。

②去头小龙虾的加工：洗涤干净的原料小龙虾就可以去头。去头时，用两手的拇指和食指分别捏住虾的头胸部和腹部，向相反的方向撕扯。用力不能太猛，严防虾头带出鳃肉来，更不可带掉腹部的第一节虾壳。洗涤，以洗至鳃肉呈白色为好，不要附有任何杂质。洗涤时用圆形的小筐左右旋转，才能充分洗涤。在水洗槽中，采用"长流水三连桶"方式排列。挑选时按去头虾规格标准进行挑选分级，不得混杂串级。对分级后的小龙虾再重新清洗一次，放入洁净的筛盘内控水5分钟，以待称重。水中加入机制冰，把温度降低至0~5℃。

工作台上不应过多积压，气温高时应加冰降温。

③虾仁加工：有些虾不能达到出口的去头虾标准，可以作为冻虾仁原料。加工时，首先要剥掉外壳，除去肠腺或每545克称71尾以上未去肠腺的虾。去肠腺时，左手持虾仁使其背部向上，右手持尖刀沿背部中线浅割一道小口，再用刀尖将露出的肠腺挑除。

把去掉肠腺的小龙虾虾仁放在冰水中洗净，再按虾仁规格要求分级。

分级后的虾仁要再清洗一次，放入筛盘内控水10分钟，然后称重。

④虾球加工：如果小龙虾的新鲜度达到要求，但虾体残缺不全，可以作为冻虾球原料。加工时，首先去掉虾壳和肠腺，泥沙和品质不良的肉。形状不限，但至少有两节腹部。在冰水中清洗干净后放入筛盘内控水10分钟，即可称重。

（6）称重。待控干水后，对小龙虾按不同品种和规格进行称重。称重要求有以下几点：

①过秤时要指定专人负责，同时负责重量及衡器的鉴重。速冻前的半成品，要进行抽验。

②称重必须准确，各地可根据生产加工情况自定。一般要求在解冻后必须符合规定的净重。

③称重后的虾要立即盛在洁净的铁盘内，并附上2枚等级规格标签。

（7）摆盘。

①摆盘方式。带头小龙虾：顺摆，层层排列，头部向外，尾交叉，下层背斜向下，上层背斜向上。表面看起来平整美观，不过密或过稀为好。去头小龙虾：横摆，每454克称30尾以内的分层摆，虾颈向外，尾交叉，下层背斜向下，上层背斜向上；31~40尾的只摆在上、下层，每层摆3排。下层摆法：先在靠盘的一边同时摆两排，尾相交叉，第三排的尾搭在中间一排的颈部。上层摆法：先在靠盘的一边摆一排，颈部向外，然后同时摆第二排和第三排，尾相交叉，第二排的颈部压在第一排的尾部上；41尾以上的不排列，只要摊平即可。小龙虾虾仁：横摆，虾体平铺略弯，每545克称30尾以内的分层摆；31~40尾的只摆在上、下两层；41尾以上的不排列，只要装得平整即可。小龙虾虾球：不分尾数，不排列，按要求装在小盘或小盒中，使其平整即可。

②摆盘要求。摆盘时所用的铁盘在使用前要冲洗干净，并用3%的高锰酸钾溶液浸泡3~5分钟，或放在5%~10%的有效氯（漂白

粉）溶液中浸泡消毒。泡好后再用清水冲洗干净，控干水分，即可使用。

在摆盘前将称过重的虾放入小盘内，加入冰水边摆盘边洗涤，继续去除杂质，这种摆盘法也被称为水摆。

摆盘时，虾盘底、上下面各附标签 1 枚（虾球也附标签），标签的正面向外，以便成品之后识别等级规格。

摆盘过程中，一旦发现质量不合格的虾要及时更换，更换的虾与换出的虾的质量必须相当。

每摆好一盘虾，即拿一空盘盖在上面，稍用力压一下，使其平整和紧密。

将摆好盘的虾灌满清水（水温控制在 5℃ 以下）。灌水时把一只手压在虾的上方，水先倒在手上，再流入盘内，直接加水会将虾和标签冲起。然后每 4 盘一组（虾仁、虾球每 3 盘一组），盘盘叠放，上面压一空盘，并立即翻盘控水 5 分钟（虾仁和虾球控水 10 分钟）。灌水是为了进一步洗涤，这样成品中才不会出现红底虾和混底虾。

虾盘在上架入速冻间前，要用不锈钢逐盘插板，沿铁盘长边的内壁两侧画缝，使其整形，并有利于上冰被时水的渗透。画线后，在上架时要平端轻放，否则缝隙会弥合。

冻前半成品检验。检验人员要按规定的 5% 检样比例抽取检验。检验项目包括品质、重量、规格、卫生、排列方式和外观等。凡不满足上述各项要求的，应及时纠正。对那些不合格的半成品，要立即返工整理。应对检验结果做好详细记录备查。

（8）冷冻。

①半成品在经过检验上架后，必须立即送入速冻间。在此之前，速冻间的温度必须降到 -15℃ 以下。入冻时，专职检验人员要对其进行逐盘检查，不平整的要予以整理，不要影响造型。速冻的温度要保持在 -25℃ 以下。

②必须对超过 1 小时还未进入速冻间的产品进行复验。因特殊情

况不能及时入冻的半成品，可放在-8℃以下的预冷间进行保鲜，但保鲜时间一般不得超过2小时。

③当小龙虾进入速冻间后，要适时适量地加灌清洁的淡水，来制作冰被。采取两次灌水法为佳，冰被的厚度只要刚盖过虾体即可。当虾体温度达到-8~6℃时，进行第一次加水，接近淹没上层虾体即可停止加水，此次加水主要为了制作底冰被及边沿冰被。第一次加水的时候，掌握虾的体温非常关键。如果在温度过高时加水，易使虾体浮起，导致底冰被过厚，并且会延长冻结时间，降低鲜度，影响虾的质量；温度过低时加水，会导致水体触到虾体时来不及渗透就结冰，易使底冰被和边沿冰被出现蜂窝眼。第二次加水应选在出速冻间前的2~3小时，加水的量要全部淹没虾体，这次加水主要是为了充分盖住虾体并使顶冰被平整。第二次加水的时间同样重要。加水过早，往往会造成顶冰被凹凸不平；加水过晚，冰的冻结就不充分，影响质量和外观。总之，冰被的制作要求包括以下几点：平整光滑，造型美观，透明度良好。

④小龙虾的冷冻时间要求在12小时以下，一般越短越好。当虾块的中心温度达到-18℃时，就能出速冻间脱盘。

（9）脱盘、镀冰衣。

①当虾块经过冻结后，应及时出速冻间脱盘。脱盘以淋水脱法最好，不应采取过水脱法。操作时间不能太长，水温不宜过高（一般不超过20℃为好），否则冰会被融化。磕盘时动作要轻，轻磕轻放，避免对冰被和铁盘造成损伤。

②对于冻块冰被不良的，要重新上水冻结或修整；对于畸形块、含有外来杂质、卫生不良的冻块应剔除；对严重的红底虾、混底虾及碎块虾，应交由加工车间重新加工。

③包装前的冻块必须加镀冰衣。加镀冰衣要在低温库内进行，一般与脱盘工作同时进行。加镀冰衣的方法为：以过水法最佳，水温应在0~4℃，浸水时间为3~5秒。镀冰衣后的冻块，中心温度回升不

得超过 3℃。镀冰衣所用的水要清洁卫生，方可提高冰衣的透明度。

（10）包装。

①只要是出口产品，必须采用出口经营单位设计、加工的包装材料，依照规定标准包装。内销产品根据客户要求，采用恰当的包装材料。

②只要是与虾体直接接触的包装纸、标签等，一定不能含有荧光物质。

2. 问：如何进行小龙虾的整肢虾加工？

答：（1）冻生整肢。选择规格整齐、肢体无损的整体活体小龙虾，放到清水中暂养 24 小时，待其排空肠道和体外污染物，再用清水冲 2~3 次，用毛刷刷净少数小龙虾体表未被冲干净的污物，将水沥干，把虾整齐地固定在包装盒内。一般每盒 10~12 尾，一盒 250 克。待装好后封上盒口，再把盒放入 -25~-20℃ 的低温下速冻 6~7 小时，即可取出装运外销。

（2）冻熟整肢。小龙虾一般选择体色鲜艳、有光泽度、个体完整（不缺附肢）、肥大、肉体紧实、无发白或变黑现象的小龙虾个体。一般规格为 20~30 尾/千克，并且是活体。制作方法为：先将选择的活体小龙虾放入清洁的水中暂养 3~5 天，待小龙虾排空肠道污物后取出，用清水冲刷干净。再放入清水中煮，煮开后盛入滤水筐散热。再将散热的虾放入配方锅中烧煮入味，取出晾凉后，装袋塑封。在塑封前一并放入配方锅中的凉汤维持原有的虾味。待塑封后，装入包装的硬纸盒，放入低温下速冻 4~5 小时，取出转入冷藏室。

3. 问：如何加工小龙虾的"凤尾虾仁"？

答：凤尾虾仁的原料应该选择 10 厘米以下的新鲜小龙虾。收捕后，要对原料小龙虾立即加工，用 1∶1 的碎冰，一层冰一层虾装在塑料筐内 1 小时左右。因为刚起捕的鲜虾虾体还未进入僵硬期，组织紧密，虾壳、连节膜与虾肉粘连，剥壳困难。加工时间长并且易引起凤尾虾仁肉体破损，影响其外观。虾体内含有自溶酶，根据其特点，应将虾在0~4℃条件下保持一定时间，使其具有较好的鲜度值。短时间的冰水浸泡，会使虾肉组织的表层细胞膜由于细胞渗水膨胀而破裂。而采用一层冰一层虾降温保鲜的方式，既能使虾壳与肉体相对分离，又能使原料虾肉体和壳不致发红黑变。经过以上加冰保鲜工序，再加冲洗、去头、去壳、保留尾节尾支等工序，形成整体凤尾虾仁；划分规格、清洗、过磅、摆盘（上、下两面摆盘3~4行，尾交叉）后滤水，除去混浊液，避免速冻后冰被混浊，影响外观清洁。原料虾加工后应立即速冻，以防止尾节、尾支黑变，虾仁变红；最后出冻包冰衣，包装。凤尾虾仁加工的关键技术是控制原料虾的保鲜时间，除对各道工序严格把关之外，尽可能缩短加工时间。需要提醒的一点是，凤尾虾仁加工绝不能将原料虾先速冻，后解冻加工。这样做除了浪费能源外，还可能造成两种后果：一是解冻易造成大量虾体发红、变黑；二是外壳及尾节与虾肉分离过度，产品掉尾严重，加工成品的等级降低，造成经济损失过大。

4. 问：如何加工小龙虾的虾仁？

答：原料要选择那些个体较大的鲜小龙虾。用清水把虾体洗净，剥掉头、尾、壳。如果遇到难剥的虾壳，可将虾先放入预冷间内预冷后再剥壳。接着把虾肉放入筛篮内，置于4~6℃的3%稀盐水中浸洗，盐水要常更换。同时要预防虾肉受损，确保虾肉的完整性，提高产品质量。把洗净沥干的虾肉，装入250克或500克的塑料袋中，用电热封口后，放入包装纸盒内，再放到-25~-18℃的低温下速冻。

5. 问：小龙虾加工品保鲜有哪些方法？

答：冰藏保鲜、冷海水保鲜和微冻保鲜等是人们常见的保鲜技术，属于低温保鲜。这些技术在得到广泛应用的同时也存在一定的缺陷。现代技术的发展帮助人们研究出了几种新的保鲜方法。

（1）低温贮运法。低温贮运法是最为广泛、最为简单的一种保鲜保活方法。根据目的和温度的不同，又可以分为普通低温保鲜、玻璃化转移保鲜、超冷保鲜等。普通低温保鲜又细分为冰藏保鲜、微冻保鲜、冻结保鲜和冻藏保鲜等。采用此方法贮运虾时，将虾逐步降温至适宜温度，然后保持在一定温度之下，便可完成较长时间的贮运。该保鲜方法的优点是既经济又有效。

（2）氧气法。采用塑料袋充氧运输水产动物活体的方法已很常见，虾的保鲜也可以应用这种方法。具体方法为在塑料袋中先加入1/4 的水，把虾装入袋内，排出空气后充氧密封。袋中水与氧气的体积比为 1∶3。方法如果得当，一般成活率较高。

（3）臭氧水法。臭氧水能很快渗透到细菌体细胞内，使蛋白质变性，破坏酶系统，杀死菌体。作为氧化型杀菌保鲜剂，主要是利用其强氧化性达到杀菌目的。它的杀菌速度是氯的 300~1 000 倍。臭氧在水中分解后不会形成残留影响产品的风味，也不会污染环境。如果采用臭氧水动态杀菌处理（喷淋杀菌法）技术，杀菌保鲜效果良好，可以使产品达到优质、安全和卫生的出口要求。

（4）麻醉法。这种方法是采用麻醉剂抑制虾的中枢神经，使虾失去反射功能，呼吸和代谢的强度降低，达到保活目的。操作方法很简便，完成后把虾放入清水后，虾就可以很快恢复正常。现在已经应用的麻醉剂主要有 MS-222、盐酸普鲁卡因、盐酸苯佐卡因、碳酸和二氧化碳、乙醚、尿烷、弗拉西迪耳和三氯乙酸等。

（5）酶法。目前，生产中应用较多的是葡萄糖化酶和溶菌酶保鲜技术。酶的催化作用可以有效防止或消除外界因素对虾的不良影响，从而保持虾的优良品质。这种方法一方面是利用酶氧化葡萄糖产生葡萄糖酸，使制品表面 pH 降低，达到抑制细菌生长的目的；另一方面是因为氧不存在了，脂肪氧化酶、多酚氧化酶的活力也降低了，从而达到保鲜的效果。

以上介绍的几种保鲜、保活方法并不是小龙虾保鲜的全部方法。正在或有望在小龙虾保鲜中得到应用的还有气调、辐照、化学、高压和超冷等保鲜技术。

6. 问：什么是甲壳素？

答：1811 年，法国科学家布拉克诺首先从蘑菇中提取到一种类似于植物纤维的六碳糖聚合体，最初将它命名为蕈素。也就是今天我们所说的甲壳素，甲壳素又名甲壳质、壳多糖、壳蛋白。1823 年，法国科学家欧吉尔在甲壳动物外壳中也提取了这种物质，并将其命名为几丁质。

7. 问：怎样获得小龙虾的甲壳素？

答：在自然界中，甲壳素不能直接获得。它们大多数和不溶于水的无机盐及蛋白质紧密结合在一起。人们往往通过化学法或微生物法来制备甲壳素。目前工业化生产中常采用的是化学法，用酸碱处理的方式脱去钙盐和蛋白质，然后在加热条件下用强碱脱去乙酰基，就可得到应用十分广泛的可溶性甲壳素（壳聚糖）。当下，国内外甲壳素多是从废弃的虾、蟹壳中提取的。虾蟹壳中甲壳素的含量为 20% ~ 30%，无机物（碳酸钙为主）的含量为 40%，其他有机物（主要是蛋白质）的含量为 30% 左右。我国年产海、淡水虾、蟹壳达 1000 万吨左右，是甲壳素资源大国，按 40% 废弃物计算，可制得甲壳素数十万吨，资源潜力巨大。

8. 问：什么是"人体必需的第六生命元素"？

答：甲壳素虽是食物纤维素，但是不易被动物机体消化吸收。但是如果和蔬菜、植物性食品、牛奶、鸡蛋等一起食用，就可以被吸收利用了。植物和肠内细菌中含有壳糖胺酶、去乙酰酶，体内存有溶菌酶，牛奶、鸡蛋中含有卵磷脂，这些物质的共同作用是可将甲壳素分解成低分子量的寡聚糖，从而被身体吸收。通常当甲壳素被分解到六分子葡萄糖胺时，它的生理活性最强。从 20 世纪 70 年代初期开始，经过近 20 年的研究，1991 年，美国、欧洲的医学类大学和营养食品研究机构的研究人员，开始将甲壳素称为继蛋白质、脂肪、糖、维生素、矿物质之后的人体健康所必需的第六生命要素。一系列的研究结果显示，甲壳素可以作为机能性健康食品。它完全不同于一般营养保健品，对人体具有强化免疫、抑制老化、预防疾病、促进疾病痊愈和调节生理机能等五大功能。

9. 问：甲壳素开发的前景如何？

答：作为21世纪的新材料，甲壳素对人类社会的发展与进步起着重要作用。理由主要如下：

（1）甲壳素可以算作用之不竭的生物资源，每年的生物合成量高达100亿吨，已成为地球上仅次于纤维素的第二大生物资源。在面临全球资源枯竭危机时，人们从甲壳素那里看到了生机。

（2）目前，甲壳素已成为一种内涵丰富、前景广阔的高新技术化物质，已面临全球化，属于世人瞩目的前沿学科领域产品。全球几乎每一个国家都在研究开发甲壳素，每年发表上万篇的论文或报告。在有的国家，平均每3天就有人申报一项甲壳素的应用专利。

（3）甲壳素的应用领域非常广泛，目前已拓展到工业、农业、环境保护、国防、人民生活等各方面，可以说是无所不包。产业渗透性大，应用领域广，获利丰厚，是其他资源产业所不能比的。甲壳素商业产品也已遍布全球，若干年后将会形成数百亿美元的市场。

（4）人类在创造现代文明的同时破坏了自然的生态平衡，造成了人类赖以生存的环境日益恶化。我们面对的主要疾病由过去的细菌、病毒和寄生虫转变为诸如肿瘤、心脑血管和糖尿病之类的慢性疾病。针对这些疾病，细胞保护与细胞调节的食物比杀伤性药物的应用前景更好。被誉为人体健康所必需的第六生命要素的甲壳素是目前自然界中唯一发现带正电荷的食物纤维，具有现今多数食物不具备的生理功能。对于解决困扰人类社会已久的"现代文明病"，保障人类健康，提高人类的生存发展质量意义重大。

（5）甲壳素是一种环保纤维源，它具有无毒、无味、耐晒、耐热、耐腐蚀等特点，而且具有不怕虫蛀和碱的侵蚀，可以降解生物的优点。未来有望成为塑料的替代物，不仅可以解决"白色污染"给人类带来的难题，而且可以消除有毒有害物质对人体内外环境的威胁，实现经济社会的可持续发展。

甲壳素是我们全人类共同的宝贵财富，人类社会离不开甲壳素。

甲壳素的研究开发，将是 21 世纪高新科技争夺的制高点之一。21 世纪将是甲壳素大研究、大开发、大应用的时代。因此，甲壳素产业将是 21 世纪最有希望的新兴产业，它的开发应用，将引发相关产业革命。